생각을 키우는
호기심 만점 수학여행

생각을 키우는
호기심 만점 수학여행

찍은날 ┃ 2010년 3월 2일
펴낸날 ┃ 2010년 3월 8일

엮은이 ┃ 손 동 식
감수한이 ┃ 송 은 영
펴낸이 ┃ 조 명 숙
펴낸곳 ┃ 도서출판 맑은창
등록번호 ┃ 제16-2083호
등록일자 ┃ 2000년 1월 17일

주소 ┃ 서울 · 금천구 가산동 771 두산 112-502
전화 ┃ (02) 851-9511
팩스 ┃ (02) 852-9511
전자우편 ┃ hannae21@korea.com

ISBN 978-89-86607-75-8 03410

값 8,000원

• 잘못된 책은 바꾸어드립니다.

생각을 키우는
호기심 만점 수학여행

손동식 엮음 송은영 감수

도서출판 맑은창

    21세기는 과학 기술의 무한 경쟁 시대입니다. 현대 과학 기술은 경제, 사회, 문화와 예술의 발전에 제1 동력으로 결정적인 영향을 미치고 있습니다.

    과학이 비약적으로 발전하는 오늘날 전 국민의 과학 문화 자질을 높이는 것은 무엇보다도 중요한 과제라고 생각합니다. 특히 미래의 주인공인 청소년들에게 과학 지식을 보급하고 과학적 방법을 가르쳐 주고 과학적 정신을 고양시켜 탐구력과 창의력을 키움으로써 장래에 창조적으로 연구 활동과 사회 활동을 할 수 있도록 적극 격려해야 합니다.

    고대로부터 과학 발전의 중심에는 항상 수학이 자리하고 있습니다. 사물에 대한 호기심에서 출발하여, 그 본질에 점차 다가서고 논리적 분석과 함께 수학적 체계에 의한 증명으로써 이론을 정립해 가는 것입니다.

    천문학, 물리학, 화학, 논리학 등 많은 과학 분야가 모두 수학적인 체계를 갖추어야만 진정한 과학적 성과로 인정받는 것입니다. 그만큼 수학은 과학 분야의 가장 중요한 위치를 차지합니다.

머리말

이 책은 수학의 기초 이론과 함께, 그 이론들이 어떻게 만들어지게 되었는지, 실생활에서는 어떻게 반영되고 있는지에 대한 다양한 일화와 사례를 보여줍니다. 이를 통해서 독자들은 그동안 어렵게만 느끼던 수학에 대해서 보다 쉽게 이해하고 흥미를 갖게 될 것입니다.

또한, 최근에는 수학과 관련된 논술에 관심이 높아지고 있습니다. 수학 문제를 단순하게 공식을 외워서 정답을 구하는 것이 아니라 〈문제를 풀어 가는 과정에 있어서 얼마나 논리적 방법으로 접근하였는가, 그리고 얼마나 체계적인 과정을 통해서 정답을 이끌어냈는가〉에 대한 논술적인 면을 중요시하고 있습니다.

그런 면에서도 이 책의 구성 방식은 독자들에게 많은 도움이 될 것이라고 생각합니다.

생각을 키우는
호기심 만점
수학여행

차 례
CONTENTS

머리말 ·· 4

1장 수학여행 – 역사와 이야기 속으로

01_ 가우스는 1+2+3+ ⋯ +100을 어떻게 계산하였는가 ·· 14
02_ 강을 건너는 문제 ·· 16
03_ 전기는 어떻게 경마에서 이겼는가 ·· 19
04_ 81개 부속품에서 폐물 하나를 찾아내자면
     적어도 몇 번을 저울질해야 하는가 ·· 20
05_ 〈서랍 원칙〉이란 무엇인가 ·· 22
06_ 여섯 사람 집회 문제 ·· 24
07_ 왜 답이 없는 문제를 답하는가 ·· 27
08_ 왕은 왜 장기판의 쌀을 장인에게 상으로 줄 수 없었는가 ·· 28
09_ 한 쌍의 어린 토끼는 일 년 동안 몇 쌍을 번식할 수 있는가 ·· 30
10_ 〈마방진〉이란 무엇인가 ·· 34
11_ +, -, ×, ÷, = 기호는 어떻게 온 것인가 ·· 36
12_ 세계에서 제일 명망이 높은 수학상 ·· 38
13_ 왜 노벨상 수상자 가운데 수학자가 특히 많은가 ·· 40
14_ 왜 여성 수학자가 적은가 ·· 42
15_ 국가가 발전하려면 왜 수학이 발달해야 하는가 ·· 44
16_ 왜 순수 수학은 큰 응용 가치가 있는가 ·· 46
17_ 어떻게 수학적 방법으로 해왕성을 발견하였는가 ·· 50
18_ 비유클리드 기하학이란 무엇인가 ·· 52
19_ 〈골드바흐 추측〉이란 무엇인가 ·· 54
20_ 무엇을 〈4색 문제〉라고 하는가 ·· 56

차 례 7

차 례 CONTENTS

2장 수학여행 – 기묘한 도형의 세계로

21_ 무엇을 〈한붓그리기〉라고 하는가 ·· 60
22_ 〈쾨니히스베르크의 다리 문제〉는 무엇인가 ·· 64
23_ 우편배달부는 어떤 길로 가야 하는가 ·· 67
24_ 무엇을 〈세계 일주〉 놀이라고 하는가 ·· 70
25_ 36명의 군인으로 정사각형의 행렬을 배열할 수 있는가 ·· 72
26_ 왜 수학에 〈변수〉를 도입하였는가 ·· 74
27_ 〈만세불갈〉이란 무엇을 의미하는가 ·· 76
28_ 피라미드의 높이는 어떻게 측정하였을까 ·· 78
29_ 어떻게 나무의 그림자로 나무의 높이를 잴 수 있는가 ·· 80
30_ 왜 확대경은 각을 확대하지 못하는가 ·· 82
31_ 왜 벌집은 육각형인가 ·· 84
32_ 왜 타일은 대부분 정사각형이나 정육각형인가 ·· 86
33_ 오각별을 어떻게 그리겠는가 ·· 88
34_ 직각자를 쓰지 않고 직각을 그려 볼까 ·· 91
35_ 길을 어떻게 닦으면 비용이 제일 적게 들겠는가 ·· 94
36_ 컴퍼스만 이용하여 원의 중심을 찾을 수 있는가 ·· 96
37_ 경사진 직사각형 물통의 표면은 몇 가지 도형을 만드는가 ·· 99
38_ 왜 캔음료, 보온병 등은 모두 원기둥인가 ·· 102
39_ 바깥 레인의 출발선은 왜 안쪽 레인보다 앞에 있는가 ·· 104
40_ 강철구가 어떻게 떨어지면 제일 빠른가 ·· 106
41_ 꽃밭의 면적이 마당의 절반을 차지하려면 어떻게 설계해야 하는가 ·· 108
42_ 삼각형 모양의 밭을 인구에 따라 나누기 ·· 110
43_ 원주율은 어떻게 계산하는가 ·· 112
44_ 다차원 공간이란 무엇인가 ·· 116
45_ 구와 고리가 〈위상기하학〉에서는 같은가 ·· 118
46_ 한 개 면만 있는 종이띠가 있는가 ·· 120
47_ 왜 삼각형 구조는 안정적인가 ·· 123

생각을 키우는
호기심 만점 수학여행

3장 수학여행 –
통계와 확률의 재미 속으로

48_ 왜 키가 1.5m인 사람이 평균 물 깊이가 1m인 연못에서
　　 재난을 당하는가 ·· 126
49_ 토너먼트로 하는 경기 게임수를 어떻게 계산하는가 ·· 128
50_ 리그전으로 하는 경기의 게임수는 어떻게 계산하는가 ·· 131
51_ 왜 콩쿠르에서 점수를 매길 때 최고 점수와
　　 최저 점수를 빼는가 ·· 134
52_ 왜 4×100m 달리기의 100m 결과가
　　 100m 달리기보다 좋은가 ·· 136
53_ 왜 키 큰 부모의 자녀의 키가 때로는 부모보다 작은가 ·· 138
54_ 왜 도박에서 늘 박이 이기는가 ·· 141
55_ 추첨 번호는 잇닿은 것이 좋은가 그렇지 않은가 ·· 144
56_ 제비뽑기에서 먼저 뽑는 것이 나은가 ·· 146
57_ 왜 같은 반 학생의 생일이 같을 가능성이 큰가 ·· 148
58_ 왜 농구에서 연속 득점하기 어려운가 ·· 150
59_ 처음부터 끝까지 완전히 같은 바둑 시합이 나타날 수 있는가 ·· 152
60_ 왜 두 버스를 타는 횟수가 번번이 다른가 ·· 154
61_ 왜 〈세 사람이 동행하면 꼭 나의 스승이 있다〉고 하는가 ·· 156
62_ 어떻게 수학으로 광고의 효과성을 평가하는가 ·· 158
63_ 어떻게 수학적 방법으로 마음에 드는 상품을 고를 것인가 ·· 160
64_ 왜 〈수학 기댓값〉을 고려해야 하는가 ·· 162
65_ 공장에서 정비원을 얼마나 두어야 가장 합리적인가 ·· 164
66_ 공장에서 정비원을 어떻게 두어야 가장 합리적인가 ·· 166
67_ 어떻게 설비를 정기적으로 검사하는가 ·· 168
68_ 부속품의 공급소를 어디에 세우면 제일 좋은가 ·· 170
69_ 왜 동전을 여러 번 던지면 앞과 뒤가 나오는 횟수가
　　 비슷해지는가 ·· 172
70_ 왜 확률로 π의 근사치를 구할 수 있는가 ·· 174
71_ 어떻게 수학 계산으로 전투를 대치할 수 있는가 ·· 176

차례 CONTENTS

4장 수학여행 – 생활 속 수학이야기의 재미로

72_ 차 바퀴는 왜 둥근가 ·· 180
73_ 왜 〈말〉은 장기판 위에서 어느 위치에나
   갈 수 있는가 ·· 182
74_ 달력을 보지 않고 어떻게 어느 날이
   무슨 요일인가를 아는가 ·· 184
75_ 상점에서는 상품을 한 번에 얼마나 들여와야
   가장 합리적인가 ·· 187
76_ 상점에서는 어떻게 구입하는 상품의 질을
   통제하는가 ·· 190
77_ 왜 포장한 식료품의 무게를 ○○g±○g으로
   표시하는가 ·· 192
78_ 왜 큰 단위 상품이 작은 단위 상품을 사는 것보다
   유리한가 ·· 194
79_ 전화번호를 일곱 자릿수에서 여덟 자릿수로 늘리면
   사용 세대는 얼마나 증가하는가 ·· 196
80_ 왜 숫자적 자료로 도표를 그릴 수 있는가 ·· 198
81_ 어떤 방법으로 저금 금리를 계산하는가 ·· 200
82_ 물건 구입 후 할부로 지불하는 계획을
   어떻게 세울까 ·· 202

생각을 키우는
호기심 만점 수학여행

5장 수학여행 –
신비로운 수의 세계로

83_ 0은 없다는 의미만 있는가 •• 208
84_ 왜 시간과 각도의 단위는 60진법을 쓰는가 •• 210
85_ 자연수가 나누어 떨어지는지를 어떻게 판단하는가 •• 212
86_ 왜 최소 공약수와 최대 공배수를 논의하지 않는가 •• 214
87_ 어떻게 순환소수를 분수로 고치는가 •• 216
88_ 왜 $0.\dot{9}=1$이라고 하는가 •• 218
89_ 어떤 때 근사치를 구하는가 •• 220
90_ 0.1과 0.10이 같은가 •• 222
91_ 숫자에 주기 현상이 있는가 •• 223
92_ 왜 연속한 네 자연수의 곱에 1을 더하면
    완전 제곱한 수가 되는가 •• 224
93_ 교묘한 숫자 배열 문제 •• 226
94_ 왜 수학을 〈관계학〉이라 할 수 있는가 •• 228
95_ 왜 수학은 논리를 쓰지만 논리와 같지 않은가 •• 230
96_ 1+1=1인가 •• 232
97_ 〈추측〉이란 무엇인가 •• 234
98_ 정수와 짝수의 개수는 똑같은가 •• 236
99_ 무한소와 0은 같은가 •• 238
100_ 왜 세계 각국에서는 수학을 중고등학교의
     주요 과목으로 하는가 •• 239

1장 수학여행 – 역사와 이야기 속으로

01_ 가우스는 1+2+3+⋯+100을 어떻게 계산하였는가
02_ 강을 건너는 문제
03_ 전기는 어떻게 경마에서 이겼는가
04_ 81개 부속품에서 폐물 하나를 찾아내자면
    적어도 몇 번을 저울질해야 하는가
05_ 〈서랍 원칙〉이란 무엇인가
06_ 여섯 사람 집회 문제
07_ 왜 답이 없는 문제를 답하는가
08_ 왕은 왜 장기판의 쌀을 장인에게 상으로 줄 수 없었는가
09_ 한 쌍의 어린 토끼는 일 년 동안 몇 쌍을 번식할 수 있는가
10_ 〈마방진〉이란 무엇인가
11_ +, -, ×, ÷, = 기호는 어떻게 온 것인가
12_ 세계에서 제일 명망이 높은 수학상
13_ 왜 노벨상 수상자 가운데 수학자가 특히 많은가
14_ 왜 여성 수학자가 적은가
15_ 국가가 발전하려면 왜 수학이 발달해야 하는가
16_ 왜 순수 수학은 큰 응용 가치가 있는가
17_ 어떻게 수학적 방법으로 해왕성을 발견하였는가
18_ 비유클리드 기하학이란 무엇인가
19_ 〈골드바흐 추측〉이란 무엇인가
20_ 무엇을 〈4색 문제〉라고 하는가

01
가우스는 1+2+3+⋯+100을 어떻게 계산하였는가

카를 프리드리히 가우스

독일의 천재 수학자 카를 프리드리히 가우스(Karl Friedrich Gauss, 1777~1855)는 어릴 적에 비범한 수학적 재능을 보여 주었다. 그가 10살 되는 해에 한번은 수학 시간에 선생님이 다음과 같은 문제를 제기하였다. 1 + 2 + 3 + ⋯ + 100은 얼마 겠습니까? 선생님이 문제를 내자 가우스는 금방 손을 들고 말했다. 〈합은 5050입니다.〉

가우스가 이렇게 빨리 답을 하자 학생들은 놀랍고 의심스러운 눈길로 그를 보았다. 가우스는 어떻게 계산해냈겠는가?

가우스는 다음과 같이 말했다. 1부터 100까지의 첫 수와 마지막 수를 더하면 101이며, 이런 수가 50쌍 있다. 다시 말하면 101이 50쌍 있다. 따라서 총합은 $101 \times 50 = 5050$이다.

이 100개 수를 구체적으로 살펴보기로 하자.

	1	2	3	4	⋯	47	48	49	50
+	100	99	98	97	⋯	54	53	52	51
	101	101	101	101	⋯	101	101	101	101

가우스는 어릴 적부터 사물을 세심하게 관찰하고 계산하기를 좋아했다. 한번은 아버지가 장부를 정리하는 것을 지켜보고 있던 가우스가 정색해서 아버지에게 말했다.

〈아버지 계산이 틀렸습니다. 답은…〉

깜짝 놀란 아버지는 계산 결과를 자세히 검토해 보았다. 아들이 말한 답이 정확했다. 가우스가 산수를 배웠기 때문인가? 아니었다. 그때 가우스는 3살도 채 안 되었다! 그것은 가우스가 어릴 적부터 〈셈〉과 〈계산하기〉를 즐겨 스스로 계산을 익혔기 때문이었다.

가우스는 그 후 저명한 수학자가 되었다. 그리고 다방면에 흥미를 가지고 있어서 고대 언어, 천문, 물리 등에서도 깊이 있게 연구하여 많은 것을 발견하고 발명하였다. 때문에 그는 또한 훌륭한 천문학자와 물리학자이기도 하다.

02
강을 건너는 문제

다음과 같은 오래된 문제가 하나 있다.

한 사람이 한 마리의 늑대와 양, 그리고 배추 한 광주리를 가지고 강기슭에 왔다(늑대는 사람을 잡아먹지 않는 것으로 가정함). 거기엔 빈 배 한 척이 있다. 그 사람은 늑대, 양, 배추를 모두 강의 맞은편 기슭에 가져가려고 한다.

그런데 배가 너무 작아 한 번에 한 가지 물건밖에 가져가지 못한다. 그리고 돌보는 사람이 없으면 늑대는 양을 잡아먹을 것이고, 양도 배추를 아주 즐겨 먹으니 사람이 없으면 늑대와 양, 양과 배추를 한데 놓아 둘 수 없다. 그는 어떤 방법을 써서 늑대 양, 배추를 무사히 맞은편 기슭에까지 가져갈 것인가?

이 문제를 〈강을 건너는 문제〉라고 부른다. 이 문제는 몇 번 시험해 보기만 하면 요구에 부합하는 답안을 얻을 수 있다. 사람이 늑대, 양, 배추를 모두 강의 맞은편 기슭까지 안전하게 가져가자면 적어도 몇 차례 왔다갔다해야 하는가?

먼저 늑대가 양을 잡아먹을 수 없고, 양이 배추를 먹을 수 없는 상황이 몇 가지인가를 생각해 보

자. 그러면 다음과 같은 결과를 얻게 될 것이다. 사람이 배를 저어 강을 건널 때마다 한 차례의 변화를 가져오게 된다.

	이쪽 기슭	맞은편 기슭
1	사람, 늑대, 양, 배추	
2	사람, 늑대, 양	배추
3	사람, 늑대, 배추	양
4	사람, 양, 배추	늑대
5	사람, 양	늑대, 배추
6	늑대, 배추	사람, 양
7	늑대	사람, 양, 배추
8	양	사람, 늑대, 배추
9	배추	사람, 늑대, 양
10		사람, 늑대, 양, 배추

- 제1절차 : 사람이 한 가지 물건을 가지고 강을 건너려면 강의 이쪽에 두 가지 물건밖에 남겨 놓지 못하므로 (표에서의 5, 6) 사람이 양을 데리고 강을 건넌다.
- 제2절차 : 사람이 배를 저어 되돌아온다.
- 제3절차 : 사람이 또 한 가지 물건을 가지고 건너는데 맞은편 기슭에는 두 가지 상황이 나타날 수 있다(표의 7, 9). 먼저 사람이 채소를 가지고 강을 건넌다.
- 제4절차 : 이번에 사람은 빈 배를 저어 돌아올 수 없다. 양이 채소를 먹어치울 수 있으므로 사람은 한 가지 물건을 가지고 돌아와야 하는데 채소일 수는 없다. 때문에 사람은 양을 또 데리고 돌아와야 한다.

- 제5절차 : 사람이 늑대를 데리고 강을 건넌다.
- 제6절차 : 이번에는 늑대가 채소와 함께 있을 수 있으므로 사람은 빈 배를 저어 돌아올 수 있다.
- 제7절차 : 사람이 양을 데리고 강을 건너면 일이 성사된다.

이런 방법으로 둘째 방안은 학생들이 스스로 해결하기 바란다. 역시 일곱 절차로 해야 한다. 다시 말하면 늑대, 양, 채소를 맞은편 기슭까지 안전하게 가져가자면 적어도 일곱 번 왔다 갔다 해야 한다.

 풀어 봅시다

(문제) 세 명의 남자(A, B, C)와 두 명의 여자(D, E)가 강을 건너려 한다. 몇 번은 혼자만 노를 저어 강을 건너야 하고 A, B, C의 순서가 된다. 그럼 마지막으로 노를 저은 사람은 누구인가?

(조건) 1. 배는 한 척이 있고, 한 번에 두 명밖에 탈 수 없다.
2. 그 중 한 사람은 노를 저어야 한다.
3. 여자들은 남자와 단 둘이 있기를 싫어한다.
4. 사람들은 연이어서 노를 젓기를 싫어한다.

(풀이) 노를 젓는 사람은 Ⓐ, Ⓑ, Ⓒ, Ⓓ, Ⓔ로 표시함.

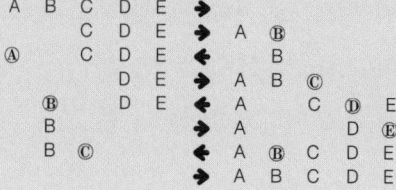

03
전기는 어떻게 경마에서 이겼는가

중국의 전국 시대에 제나라 왕과 전기라는 호족이 말 달리기 경기를 하는데 각각 상등말, 중등말과 하등말이 있었다. 경기는 세 번 하는데 이긴 사람이 천 냥의 돈을 갖기로 하였다.

쌍방은 같은 등급의 말로 시합하였다. 그러나 같은 등급의 말이라도 전기의 말은 왕의 말보다 못하였기에 전기가 모두 지고 말았다.

그러자 전기의 친구가 그에게 한 가지 방법을 알려 주었다. 하등말은 왕의 상등말, 상등말은 왕의 중등말, 중등말은 왕의 하등말과 겨루도록 하였다. 그래서 전기는 하등말의 시합 말고는 두 번 다 이겼다. 결과는 2 : 1이었다.

전기의 친구가 내놓은 방법은 지금 보아도 하나의 수학 문제이다. 이 문제의 관건은 전기가 좋은 대책을 세운 것이다.

각종 경기나 양쪽 군사들이 교전하는 과정에 좋은 대책을 세워야 상대를 이길 수 있다. 뿐만 아니라 어떤 대책은 수학 계산을 통해야 세울 수 있다. 이런 문제를 연구하는 신흥 수학을 〈대책론〉이라고 한다.

04
81개 부속품에서 폐물 하나를 찾아내자면 적어도 몇 번을 저울질해야 하는가

지금 부속품이 81개 있다. 이 중에는 모래 구멍이 있는 폐물 하나가 있어 그것을 찾아내려 한다. 이 폐물은 겉으로 보아서는 알 수 없으나 구멍이 나서 다른 부품보다 가볍다. 따라서 저울에 달아보는 방법을 쓸 수 있다. 어떻게 하면 저울에 다는 횟수가 가장 적겠는가?

보통 방법은 다음과 같다. 양팔저울의 양쪽에 부속품을 하나씩 놓아 어느 쪽으로도 기울어지지 않으면 둘 다 폐물이 아닐 것이고, 한쪽으로 기울어지면 가벼운 것이 폐물일 것이다. 때문에 한 번 저울질하면 두 부속품 가운데 폐물이 있는가 없는가를 결정할 수 있다.

부속품이 3개일 때도 한 번만 저울질하면 될 수 있지 않을까? 답은 긍정적이다. 가령 3개 가운데 하나가 폐물이라면 임의로 둘을 취해 저울의 양쪽에 놓았을 때 어느 쪽으로도 기울지 않으면 다른 하나는 폐물일 것이고 한쪽으로 기울면 가벼운 것이 폐물일 것이다.

부속품이 9개 있다면 몇 번 저울질해야 하는

가? 9개 부속품을 3개씩 세 무리로 나눠 놓고 그 중 두 무리를 취한 다음 저울의 양쪽에 놓으면 폐물이 어느 곳에 있는가를 결정할 수 있다. 폐물이 있는 무리를 앞의 방법대로 하면 폐물을 찾아낼 수 있으므로 두 번만 저울에 달면 된다.

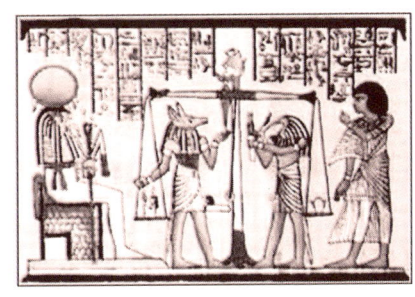

기원 전 5000~4000년경의 고대 이집트의 벽화나 파피루스에 오늘날의 천칭과 같은 그림이 발견된다. (그림은 이집트 벽화)

같은 이치로 81개 부속품을 한 무리에 27개씩 세 무리로 나눠 놓고 그 중의 두 무리를 저울에 달아 보면 폐물이 어느 무리에 있는가를 확인할 수 있다. 그런 다음 27개 부속품을 한 무리에 9개씩 세 무리로 똑같게 나눠 놓고 그 중 두 무리를 취해 다시 저울에 달아 본다. 이렇게 네 번 하면 81개 부속품 가운데서 폐물을 찾아낼 수 있다.

부속품의 개수가 더 많으면 예컨대 243개, 729개, …라면 어떻게 할 것인가? 법칙을 찾아낼 필요가 있다. 부속품의 개수가 3^n 이면 저울에 다는 번수가 적어도 n번이다.

예를 들면 $81 = 3^4$, 81개 부속품에서 폐물 하나를 찾아내는 데 적어도 네 번 저울질해야 한다. $243 = 3^5$, $729 = 3^6$이므로 243개, 729개 부속품에서 폐물 하나씩을 찾아내자면 적어도 5번과 6번 저울에 달아야 한다. 부속품의 개수가 3^n과 같지 않다면 어떻게 할 것인가? 이 문제는 학생들에게 남겨 생각하도록 한다.

05
〈서랍 원칙〉이란 무엇인가

책 6권을 서랍 5개에 넣는 방법은 여러 가지가 있을 수 있는데, 어떤 서랍에는 넣지 않고 어떤 서랍에는 1권, 2권, … 심지어 6권을 넣을 수 있다. 그러나 어떻게 넣든지 한 개의 서랍에 적어도 책 2권을 넣은 것을 찾을 수 있다.

한 개의 서랍이 한 개의 집합을 대표하고, 각 권의 책이 하나의 원소를 대표한다고 할 때, $n+1$보다 많은 원소를 n개의 집합에 있게 하려면 한 개의 집합에 적어도 2개의 원소가 있어야 한다. 이것이 곧 〈서랍 원칙〉이다.

예를 하나 더 보자. 한 학급에 54명 학생이 있는데 이들이 같은 해에 출생했다면 적어도 2명은 같은 주일에 출생했다. 왜 이런가? 서랍 원칙을 응용하면 어렵잖게 이해할 수 있다. 한 해에는 53주일이 있는데 주일을 서랍으로, 학생을 책으로 본다면 53개 서랍 가운데 적어도 한 개의 서랍에는 책 2권이 들어 있을 것인즉 적어도 2명 학생이 같은 주일에 출생한다.

일반적으로 책의 수효는 서랍의 수효보다 꼭 하나만 많은 것이 아니라 더 많을 수도 있다. 예를 들면 31권의 책을 5개 서랍에 넣는다고 할 때 어떻게 넣든지 적어도 책 7권을 넣은 한 서랍을 찾을 수 있다. 다시 말하면 $(m+n+1)$보다 많은 원소를 n개의 집합에 넣는다면 어떻게 넣든지 그 가운데는 꼭 한 개의 집합에 적어도 $m+1$개 원소가 들어 있다.

서랍 원칙은?

서랍 원칙(box princiole)은 비둘기집의 원리(pigeonhole principle) 또는 디리클레의 방 나누기 원리라고 한다. 이것은 19세기 독일의 수학자 페터 디리클레(Peter Gustav Lejeune Dirichlet, 1805~1859)가 공식화한 것이다.

사물 사이에 존재하는 양적 관계의 모종의 법칙을 밝히는 수학적 원리로서 수학 문제를 푸는 유용한 수단이다.

06
여섯 사람 집회 문제

오래 전 올림픽 수학 경연 대회에 이런 증명 문제가 있었다. 〈임의의 여섯 사람 가운데 적어도 세 사람은 서로 악수를 하였거나, 적어도 세 사람은 서로 악수를 하지 못했다는 것을 증명하라.〉 이것이 바로 유명한 〈여섯 사람 집회 문제〉라고 한다.

어떻게 증명할 것인가? 임의의 여섯 사람을 평면 위의 점으로 가정하고 A, B, C, D, E, F로 표시한다. 그리고 두 점을 연결하는 선으로 두 사람이 악수했음을 나타내고, 두 점을 연결하는 점선으로 두 사람이 악수하지 못했음을 표시하기로 하자. 이러면 여섯 사람 사이의 악수 관계에 대한 그림을 얻게 된다. 그림1 처럼.

그러면 이런 그림이 모두 얼마나 있는가? 악수 관계 그림에서 5개의 점과 직선으로 연결할 수 있는데 $6 \times 5 = 30$이다. 여기서 절반은 중복되는 것이다. 그러므로 악수 관계 그림에 15개가 있다. 그런데 이것은 실선과 점선 두 가지 가능성이 있으므로 여섯 사람 악수 관계 그림에는 도합 2^{15}가지가 있다. 아래에서 위의 명제를 증명하기로

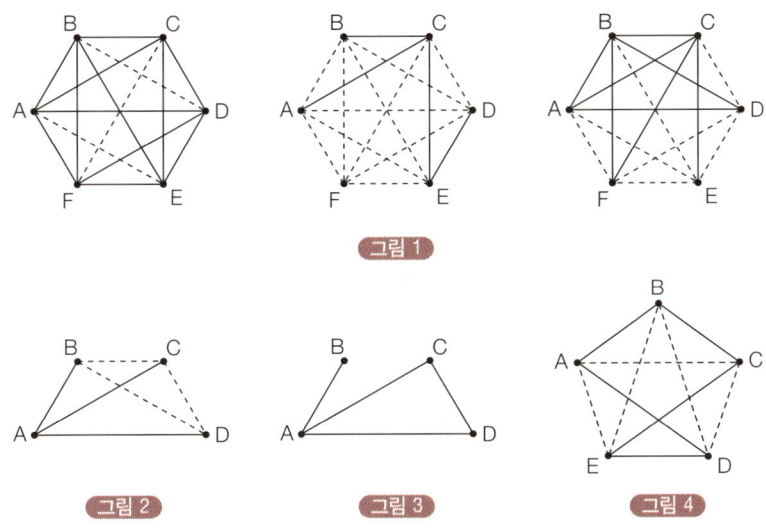

그림 1

그림 2

그림 3

그림 4

하자.

먼저 한 점의 상황을 보기로 하자. A를 택해도 무방할 것이다. 다른 다섯 사람은 적어도 세 사람이 A와 악수를 했든가 아니면 적어도 세 사람이 A와 악수를 못했을 것이다. 그렇지 않을 경우 그와 악수한 사람과 악수하지 못한 사람의 수를 합하면 5보다 작다. 첫째 상황을 보기로 하자. A는 그 중 적어도 세 사람과 악수했는데, 세 사람을 B, C, D라고 하자. B, C, D 세 사람이 서로 악수를 못했다면(그림 2) 적어도 세 사람이 서로 악수를 못했다는 결론이 성립되는 것이다. 이와 반대로 세 사람 가운데 적어도 두 사람이 악수를 했다고 하자. C와 D가 그렇다고 하면(그림 3) 적어도 세 사람이 악수를 했다는 결론이 성립되는 것이다.

이제 또 둘째 상황을 보기로 하자. A는 그 중 적어도 세 사람과는 악수를 못했는데, 세 사람을 B, C, D라고 하자. 이때 그림 2 의 실선을 점선으로 고쳐 놓고 증명은 위와 같이 하면 된다. 학생들이 어떤 결론을 얻게 되는가를 시험해 보라.

본 문제는 다음과 같이 가일층 확대할 수 있다. 여섯 사람보다 적지 않은 사람들 가운데는 적어도 세 사람이 악수를 했거나 적어도 세 사람이 서로 악수를 하지 못했다. 그러나 여섯 사람보다 적으면 결론이 성립되지 않을 수 있다. 그림 4 는 반대되는 예인데, 다섯 사람 가운데 세 사람이 서로 악수하지도 않았거니와 세 사람이 서로 악수를 못한 것도 아니다.

(문제) 종우는 모처럼 동창회에 갔다. 동창회에 모인 모든 사람들이 서로 한 번씩 악수를 한다면 전부 45번의 악수를 해야 한다. 종우는 지금까지 5번 악수를 하였다. 그렇다면 종우는 앞으로 몇 번의 악수를 더 해야 하는가?

(풀이) n명의 사람이 참가했을 때 총 악수 횟수는 45번이다.
n(n-1)=45, 따라서 동창회에 참석한 인원은 전부 10명이다.
종우는 이미 5번의 악수를 했으므로 앞으로 4번을 더 해야 한다.

07
왜 답이 없는 문제를 답하는가

수학 시간에 선생님이 이런 문제를 내었다. 한 척의 배에 75마리의 소, 32마리의 양이 있다. 선장은 몇 살인가?

몇 분 후 기호는 〈선장은 43살입니다〉라고 답했다.

은진은 〈선장은 53.5살입니다〉라고 답했다.

두 학생의 대답을 듣고 신애는 〈이 문제는 답할 수가 없습니다.〉라고 말했다.

이 셋 가운데 누구의 말이 맞겠는가를 생각해 보라.

선장의 나이와 소와 양의 수는 어떤 연관도 없다. 따라서 75마리의 소, 32마리의 양을 가지고는 어떻게 해도 선장의 나이를 계산해 낼 수가 없다. 그러므로 신애의 말이 맞다.

그러면 왜 기호와 은진은 답안이 없는 문제를 답하게 되었는가? 그들도 이 문제는 답할 수 없다고 생각했을 것이다. 그런데 다시 생각해 보니 선생님께서 우리들에게 답할 수 없는 문제를 내주었을 리가 없다고 판단하여 기호는 큰 수에서 작은 수를 빼 43살을, 은진은 두 수의 평균치를 취하여 53.5살을 얻었던 것이다.

08 왕은 왜 장기판의 쌀을 장인에게 상으로 줄 수 없었는가

중국의 한 장인이 왕을 위해 놀기 좋은 장기를 발명했다.

왕은 장인에게 후한 상을 주겠으니 무엇을 받고 싶으냐고 물었다. 장인은 이렇게 말했다. 장기판의 첫 칸에 쌀 한 알을 놓고 둘째 칸에는 2알의 쌀을 놓으며, 셋째 칸에는 4알의 쌀을 놓고… 이와 같이 차례로 뒤의 칸에는 그 앞의 칸 2배 되는 쌀을 놓아 64개 칸을 다 채워 달라고 했다.

왕은 그 정도의 쌀이야 하면서 쾌히 승낙해 버렸다. 그런데 계산에 능한 사람에게 물어 보니 전국의 쌀을 다 가져와도 64개 칸을 채울 수 없다는 것이었다. 이것은 무엇 때문일까? 왕은 장인에게 얼마만큼의 쌀을 상으로 주어야 하는가?

계산해 보자. 첫 칸에는 한 알, 둘째 칸은 2알, 이들의 합은 3알 즉 $2 \times 2 - 1 = 2^2 - 1$과 같다. 셋째 칸은 4알, 이때까지 7알 즉 $2 \times 2 \times 2 - 1 = 2^3 - 1$이다. 또 넷째 칸의 8알을 더하면 도합 15알 즉 $2 \times 2 \times 2 \times 2 - 1 = 2^4 - 1$이다. 계속 계산해 내려가면 첫 칸부터 64번째 칸까지에 놓아야 할 쌀알의 총수는 $2^{64} - 1$ = 18446744073709551615이다.

왜 수가 이렇게 큰가? 원래 장인은 수학에서의 기하급수를 응용했는데, 2를 기본 배수로 하고 장기판 위의 칸수를 이 기본 배수의 거듭제곱으로 한 것이다.

기하급수는 한 알의 쌀, 두 알의 쌀과 같은 작은 수가 상상할 수 없이 큰 수가 된다.

 풀어 봅시다

(문제) 노랭이 영감이 사는 어느 마을에 흉년이 들어 마을 사람들 모두가 굶고 있었다. 그러나 노랭이 영감은 마을 사람들을 도울 생각을 전혀 하지 않았다. 어느날 의적 일지매가 노랭이 영감을 찾아와 제안을 하였다.
내가 한 달 동안 매일 1,000냥씩 당신에게 줄테니 당신은 나에게 첫째 날에는 1냥을, 둘째 날에는 2냥을, 셋째 날에는 4냥을 이런 방법으로 한 달 동안 거래를 하면 어떻겠냐고 했다. 노랭이 영감은 저 '사람이 미쳤나' 하고 속으로 생각하며 이게 웬 횡재인가 싶어 얼른 수락했다.
그렇다면 노랭이 영감이 마지막 날 내준 금액은 얼마인가?

(풀이) 다음 날 노랭이 영감은 1,000냥을 받고 1냥을 내주었다. 다음 날 또 1,000냥을 받고 2냥을 내주었다. 10일째 되는 날까지 노랭이 영감은 모두 10,000냥을 받았고, 겨우 1,023냥만 내주었을 뿐이다.
욕심 많은 노랭이 영감은 거래가 한 달뿐이라는 것이 몹시 아쉬웠다. 그러나 노랭이 영감의 욕심은 그리 오래 가지 못했다. 15일 후에는 1만 6,384냥을 내주었고, 25일 후에는 1677만 7,216냥을 내주게 되어 드디어 매일 받는 1,000냥의 금액을 넘어서게 되었다. 노랭이 영감은 그때까지도 설마 하였다. '그동안 벌어 놓은 돈이 많으니까' 하고 안심하였다.
그러나 마지막 30일째 되는 날 노랭이 영감은 10억 7,374만 1,823냥의 돈을 내주어야 했다. 결국 노랭이 영감은 거지가 될 지경이었다.
일지매는 그 돈으로 굶주린 마을 사람들을 도왔다. ($2^{30}-1=1073741823$)

09
한 쌍의 어린 토끼는 일 년 동안 몇 쌍을 번식할 수 있는가

레오나르도 피보나치

다음의 수를 보라. 1, 1, 2, 3, 5, 8, 13, 21, 34, 55, 89, 144, 233, …

이 수열을 피보나치 수열이라고 부르고 각 수를 또 피보나치 수라고 부른다.

레오나르도 피보나치(Leonardo Fibonacci, 1170 ~1250)는 중세 이탈리아의 수학자이다. 그는 1202년 〈계산 방법의 책〉이란 책을 써냈는데, 거기서 한 쌍의 토끼의 번식 문제를 다음과 같이 제기했다. 한 쌍의 토끼는 매달 한 쌍의 새끼 토끼를 낳고 한 쌍의 새끼 토끼가 또 두 달이 지난 다음부터 한 쌍의 새끼 토끼를 낳기 시작하는데 죽는 일이 없다고 가정한다면 한 쌍의 어린 토끼는 한 해에 몇 쌍으로 번식하겠는가?

가정해서 지난 해 12월에 한 쌍의 토끼가 새로 출생했다면 올해 1월에는 한 쌍밖에 없을 것이다. 2월에 와서 이 한 쌍은 또 한 쌍을 낳았으므로 모두 두 쌍이다. 2월에 와서 이 한 쌍은 또 한 쌍을 낳았으므로 모두 두 쌍이다. 3월에는 지난해 12월에 출생한 한 쌍의 토끼밖에 새끼를 낳지 못하므로 3쌍이다. 4

월에는 2월에 출생한 토끼마저 새끼를 낳을 수 있으니 2쌍의 새끼 토끼에다 원래의 3쌍을 더하니 모두 5쌍이다. 5월에는 3월에 출생한 토끼까지 새끼를 낳을 수 있어 새로운 3쌍에 원래의 5쌍을 더하니 8쌍이다. 이와 같이 추리하면 위의 수열을 얻게 된다. 수열의 제13항 233(쌍)이 바로 문제의 답안이다.

우리는 이 수열에서 하나의 재미있는 법칙을 볼 수 있는데, 그것은 뒤의 수는 언제나 앞의 두 수의 합과 같다는 것이다. 수학적 귀납법으로 다음과 같은 제 $(m+n)$항을 계산하는 공식을 얻을 수 있다.

$$a_{m+n} = a_{m-1} \cdot a_n + a_m \cdot a_{n+1}$$

이 공식을 응용하여 피보나치 수열의 다른 항을 구할 수 있다. 예를 들면 제25항 즉 a_{25}를 구할 때 $m=13$, $n=12$를 취하면 된다. 공식에 대입하면

$$a_{13+12} = a_{13-1} \cdot a_{12} + a_{13} \cdot a_{12+1}$$
$$= a_{12}^2 + a_{13}^2 = 144^2 + 233^2 = 75025$$

피보나치 수열의 제24항을 스스로 구하라.

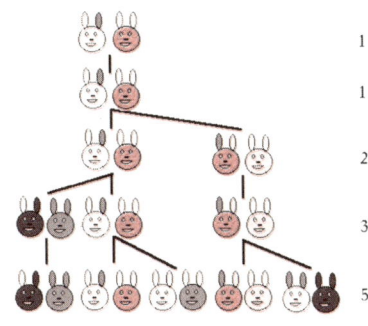

황금비 1 : 1.618

자연을 바라볼 때 우리는 편안하고 안정되는 느낌을 받게 된다. 과연 그 이유는 무엇 때문인가? 그것은 자연 속에 아름다움의 상징인 황금비에 따른 질서와 규칙(피보나치 수열)이 숨겨져 있기 때문이다. 이제 어떠한 황금비가 숨어있는지 살펴보자.

앞서 살펴 본 피보나치 수열 1, 1, 2, 3, 5, 8, 13, 21, 34, 55, 89, 144, 233, …에서 뒤의 수를 앞의 수로 나누어 보면 재미있는 결과가 나온다. 그 수가 증가할수록 어느 일정 수치, 즉 아름다움의 상징인 황금비 1.618이란 숫자에 접근하는 것을 알 수 있다 (2÷1=2, 3÷2=1.5, 5÷3=1.666…).

피보나치 수열이 단순한 수의 배열이 아니라 인간의 시각에 아름다움, 조화, 안정을 느낄 수 있는 황금비의 비밀이 숨겨져 있다는 것은 오묘한 자연의 신비가 아닐 수 없다.

〈꽃잎의 수를 세어 보자〉

나팔꽃은 1장, 백합과는 2장, 붓꽃은 3장, 벚꽃은 5장, 코스모스는 8장, 금잔화는 13장, 루드베키아는 21장, 질경이와 데이지는 34장 등으로 거의 모든 꽃잎이 피보나치의 수열과 일치하는 것을 볼 수 있다.

〈씨앗의 배열〉

해바라기 꽃 안에 씨앗이 배열된 모습을 자세히 살펴보면 오른쪽 나선 개수 55개, 왼쪽 나선 개수 89개로 두 개의 엇갈린 나선의 개수가 피보나치 수열을 따르고 있음을 확인할 수 있다. 데이지(오른쪽 나선 34개, 왼쪽 나선 55개)와 솔방울(오른쪽 나선 8개, 왼쪽 나선 13개)도 이 수열과 일치한다.

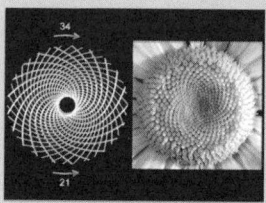 

〈등각 나선 구조 속의 피보나치 수열〉
 피보나치 수열을 이용하여 황금비의 직사각형을 연속적으로 그린 후 반지름이 1, 2, 3, 5, 8인 호들을 연결하면 점점 커지는 하나의 나선이 그려지는데, 자연계의 앵무조개, 초식동물의 뿔, 태양계 행성들의 배열, 은하계의 형태, 태풍의 구조 등도 이 황금 등각 나선 구조를 따르고 있다.

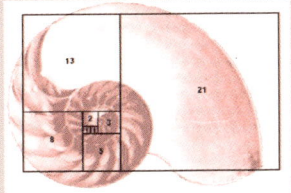

〈황금비(황금 분할)〉
 황금비율을 응용해 만들어진 물건이나 건축물 등은 다른 것에 비해 시각적인 안정감과 아름다움을 느끼게 한다. 이집트의 피라미드, 그리스의 파르테논 신전, 비너스 조각상 등이나 우리가 늘 가까이에서 접하는 신용카드, 명함, 책, 액자, 서류 가방, 담뱃갑, 종이 등이 모두 피보나치 수열을 따르고 있다.
 또한 우리의 인체도 황금비에 따를 때 가장 아름답다고 한다. 레오나르도 다빈치의 인체 모형, 모나리자의 얼굴, 사람의 손 등이 모두 이에 해당된다. 그 외에 정오각형의 별, 십자가 등도 완벽한 황금비를 이룬다.

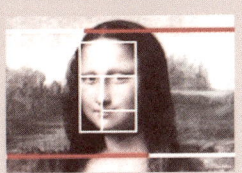

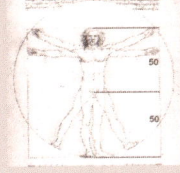
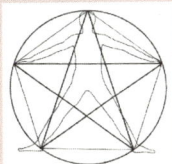

10
〈마방진〉이란 무엇인가

스페인 바르셀로나의 상징이자 스페인이 낳은 세계적인 명성의 건축가 안토니 가우디(Antoni Gaudi i Cornet, 1852~1926)의 대표적인 건축물인 사그라다 파밀리아(Sagrada Familia) 대성당 외벽에 마방진의 부조가 조각되어 있다.

중국의 전설에 의하면 하나라 우(禹)가 낙수(洛水)의 치수 공사를 할 때(BC 23세기) 낙수에서 큰 거북 한 마리가 떠올라 왔는데 그의 등에 아홉 가지 무늬가 있는 그림이 있었다고 한다.

실제로 그것은 1부터 9까지의 연속 자연수를 3행 9칸에 배열한 것인데, 기묘한 점이라면 한 행, 한 열 및 두 대각선 위의 세 수의 합이 모두 15이고, 또 이 9개 연속 자연수가 중복되지도 빠진 것도 없다는 것이다. 이런 기묘한 성질을 가지고 있는 정사각형의 행렬을 〈마방진〉이라고 한다.

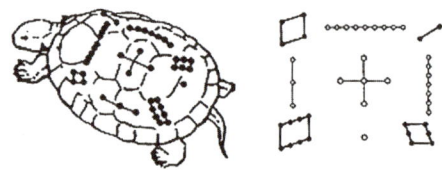

마방진은 무슨 쓸모가 있는가?

바둑 경기에서 급수가 낮은 선수는 급수가 높은 선수를 당해내지 못한다.

예들 들면 3개 바둑 팀이 있고 팀마다 3명의 선수가 있는데 그들의 실력은 A팀의 바둑 선수는 4단, 9단과 2단이고, B팀은 3단, 5단과 7단이며, C팀은 8단, 초단과 6단이다. 순환 경기 방식을 취한다면 두 팀은 9번 겨뤄야 승부를 가르게 된다.

먼저 A팀과 B팀의 경기를 보면 앞의 그림으로부터 알 수 있는 바, A팀은 4번 이기고 B팀은 5번 이길 수 있으므로 $B > A$이다. 같은 이치로 $C > B$임을 알 수 있다. 따라서 $C > A$여야 한다.

전자계산기의 발전은 마방진에 새로운 의미를 부여하였는 바, 마방진은 조합 분석, 도론, 인공 지능 등 여러 면에서 응용되고 있다.

8	1	6
3	5	7
4	9	2

16	2	3	13
5	11	10	8
9	7	6	12
4	14	15	1

17	24	1	8	15
23	5	7	14	16
4	6	13	20	22
10	12	19	21	3
11	18	25	2	9

32	29	4	1	24	21
30	31	2	3	22	23
12	9	17	20	28	25
10	11	18	19	26	27
13	16	36	33	5	8
14	15	34	35	6	7

30	39	48	1	10	19	28
38	47	7	9	18	27	29
46	6	8	17	26	35	37
5	14	16	25	34	36	45
13	15	24	33	42	44	4
21	23	32	41	43	3	12
22	31	40	49	2	11	20

64	2	3	61	60	6	7	57
9	55	54	12	13	51	50	16
17	47	46	20	21	43	42	24
40	26	27	37	36	30	31	33
32	34	35	29	28	38	39	25
41	23	22	44	45	19	18	48
49	15	14	52	53	11	10	56
8	58	59	5	4	62	63	1

여러 종류의 마방진

11
+, -, ×, ÷, = 기호는 어떻게 온 것인가

〈+, -, ×, ÷〉와 〈=〉의 5개 기호는 익숙하다. 이런 기호가 어떻게 생겼는지 알고 있는가?

고대 그리스 사람과 인도 사람은 수를 붙여 써서 더하기를 표시했다. 예를 들면 $3 + \frac{1}{4}$ 을 $3\frac{1}{4}$ 로 썼다.

그들은 두 수에 사이를 두는 것으로 빼기를 표시했는데 예를 들면 $6\ \frac{1}{5}$ 은 $6 - \frac{1}{5}$ 의 뜻이다.

중세 말기 유럽의 상업이 발달하였다. 일부 상인은 상자에 〈+〉기호를 써서 무게가 초과했음을 표시하고, 〈-〉기호를 써서 무게가 모자람을 표시했다. 르네상스 시대 이탈리아의 레오나르도 다빈치(Leonardo da Vinci, 1452~1519)는 자기의 작품에 〈+〉와 〈-〉기호를 사용했다.

1489년 독일 수학자 요하네스 비드만(Johannes Widman, 1462~1498)이 그의 저서에 정식으로 이 두 기호를 사용하여 더하기, 빼기 계산을 표시했다. 그리고 1603년에 와서 모든 사람의 공인을 받게 되었다.

중국 고대에는 산(算)가지와 주산으로 더하기, 빼기, 곱하기, 나누기 계산을 하였다. 〈이선란 항등식〉

공식적으로 사용한게 접니다.

으로 이름을 날린 수학자 이선란은 일찍이 〈⊥〉로 〈+〉를, 〈T〉로 〈-〉를 표시하였다. 후에 사람들은 점차 아라비아 숫자를 채택함과 동시에 〈+〉와 〈-〉 기호도 채용하였다.

산가지

〈×〉, 〈÷〉 기호의 사용은 300여 년밖에 안 된다. 영국의 수학자 윌리엄 오트레드(William Oughtred, 1574~1660)가 1631년에 처음으로 〈×〉로 곱하기를 표시했는데 후세의 사람들이 지금까지 사용하고 있다.

무하마드 이븐무사 알콰리즈미

중세 때 아랍에서는 수학이 상당히 발달하였는데, 페르시아의 대수학자 무하마드 이븐무사 알콰리즈미(Muhammad ibn Mūsā al-Khwārizmī, 780~850)는 〈3/4〉 또는 〈$\frac{3}{4}$〉으로 3을 4로 나누는 것을 표시했었다. 분수 기호는 여기서부터 온 것이라고 인정한다. 1659년에 와서 스위스의 수학자 요한 하인리히 란(Johann Heinrich Rahn, 1622~1676)의 저서에 〈÷〉 기호가 나온다.

〈=〉는 어떻게 만들어졌을까? 1557년 영국의 수학자 로버트 레코드(Robert Record, 1510?~1558)가 〈=〉기호를 그의 저서에 제일 먼저 사용했다. 그러나 〈=〉기호는 18세기에야 비로소 본격적으로 보급되었다.

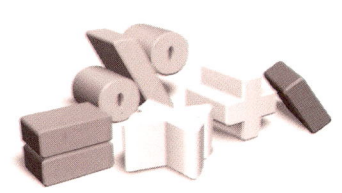

1장. 수학여행 — 역사와 이야기 속으로

12
세계에서 제일 명망이 높은 수학상

존 찰스 필즈

필즈상 메달(메달 속의 인물은 고대 그리스의 수학자, 물리학자인 아르키메데스의 얼굴이다)

노벨상은 학계에서 제일 명망이 있는 상으로 스웨덴의 발명가이며 화학자인 알프레드 노벨(Alfred Bernhard Nobel, 1833~1896)의 유산 일부를 기금으로 설립한 것이다. 노벨상에는 물리, 화학, 생리·의학, 문학, 평화, 경제학이 있지만 수학상은 없다.

사람들은 우수한 수학자에게 상을 주어 격려하자는 뜻으로 필즈상을 설립했다.

존 찰스 필즈(John Charles Fields, 1863~1932)는 캐나다의 수학자이다. 그는 학술상의 공헌은 그다지 크지 않았지만 수학의 연구, 교류면에서 큰 역할을 하였다. 1924년 토론토에서 열린 국제수학자회의에서 필즈는 남은 경비로 수학상을 설립하자고 건의하였다. 그는 또 사망하기 전에 자기의 유산을 이 기금의 일부로 할 것을 유언하였다. 국제수학자회의는 이 상을 〈필즈상〉이라 명명하고 필즈에 대한 기념과 찬양을 표시했다.

1936년 오슬로에서 국제수학자회의가 열렸는데, 최초의 필즈상은 하버드대학에 재직 중이던 핀란드의 수학자 라르스 알

포르스(Lars Valerian Ahlfors, 1907~1996)와 MIT의 미국인 수학자 제시 더글러스(Jesse Douglas, 1897~1965)가 공동으로 수상했다. 그 후 국제수학자회의에서 가장 중요한 일은 필즈상의 수상자를 선포하는 것이다. 필즈상은 4년마다 시상하며, 40세가 넘은 사람은 수상자에서 제외되는 특징이 있다. 필즈상은 수학계에서 가장 명망있는 상으로, 〈수학계의 노벨상〉이라고 말한다.

필즈상 이외의 국제적인 수학상은 1976년에 리카르도 울프(Ricardo Wolf, 1887~1981)와 그의 가족들이 헌납한 기금으로 설립한 〈울프상〉이다. 울프상은 물리, 화학, 의학, 농업과 수학으로 나누는데, 1981년에는 예술상을 추가하였다. 상을 심사하는 위원회는 세계의 저명한 과학자들로 구성하고 매년 상을 수여한다. 1978년에 수상을 시작했고, 1985년까지 울프상을 받은 과학자가 74명이 있고, 그 중 수학상을 받은 사람이 14명이다.

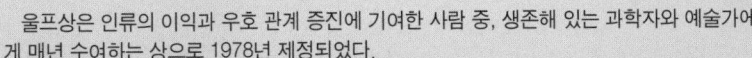

울프상(Wolf Priz)에 대하여

울프상은 인류의 이익과 우호 관계 증진에 기여한 사람 중, 생존해 있는 과학자와 예술가에게 매년 수여하는 상으로 1978년 제정되었다.

독일계 발명가이자 이스라엘의 주 쿠바 대사를 지낸 리카르도 울프 박사가 설립한 이스라엘의 울프 재단에서 시상한다. 울프상은 농학, 화학, 의학, 물리학, 예술 등의 6개 부문이 있다. 수학 분야에서는 노벨상이 없으므로, 필즈상 다음으로 유명한 상이다.

13
왜 노벨상 수상자 가운데 수학자가 특히 많은가

알프레드 노벨

노벨상 메달

스웨덴의 발명가인 알프레드 노벨(Alfred Bernhard Nobel, 1833~1896)에 의해 제정된 노벨상의 과학 부문에는 물리학상, 화학상, 생리·의학상, 경제학상이 있지만 수학상은 없다. 그 까닭은 무엇인가?

아마도 수학과 과학은 차이를 보이는데, 과학은 객관적 사실을 연구하는 것으로 관찰할 수 있는 것을 가지고 있지만, 수학은 추상적 개념을 연구하기에 둘 사이에는 뚜렷한 차이가 있다고 여겼을 것이다. 물론 이것은 추측에 불과하다.

수학은 과학 연구의 유력한 동반자로 중대한 과학적 성과는 수학에 크게 의지하여 얻어졌다. 그 결과 많은 수학자가 노벨상을 타게 되었다. 예를 들면 러시아의 수학자 레오니드 칸토로비치(Leonid Vitaliyevich Kantorovich, 1912~1986)는 선형계획법으로 1975년에 노벨 경제학상을 탔고, 미국의 앨런 코맥(Allan MacLeod Cormack, 1924~1998)과 영국의 고드프리 하운스필드(Godfrey Newbold Hounsfield, 1919~2004)는 수학적 방법으로 주사 기술을 완성하여 의학 진단에 크나큰 기여를 하여 1979년에 노벨 생리·의학상을 공동 수상했다.

이로부터 알 수 있듯이 수학과 과학은 갈라놓을 수 없는 불가분의 관계에 있다. 젊어서 수학을 잘 배우면 앞날의 과학적 생애에 튼튼한 기초를 닦아놓는 셈이 되는 것이다.

노벨상에 수학상이 없는 이유에 대한 일화

알프레드 노벨과 동시대의 사람으로 미타그 레플러(Magnus Gösta Mittag Leffler, 1846~1927)라는 스웨덴의 수학자가 있었다(사진).

미타그 레플러는 러시아 출신의 유명한 여성 수학자인 코발레프스카야(Sophia W. Kowalewskaja, 1858~1891)를 길러낸 저명한 수학자이다. 하지만 알프레드 노벨이 흠모하는 연인이 미타그 레플러를 좋아하게 되자 두 사람은 연적이 되어 물과 기름 같은 사이가 되었다.

노벨상에서 수학상을 제정한다면 당시에는 미타그 레플러가 받을 가능성이 높았다. 노벨은 고민 끝에 노벨상에서 수학 부문을 제외시켰다고 한다.

14
왜 여성 수학자가 적은가

마리 퀴리와 피에르 퀴리

소피아 코발레프스카야

인류 사회가 모계 사회로부터 부계 사회로 바뀐 후 세계 각국에는 모두 〈남존여비〉와 〈중남경녀〉의 현상이 존재하고 있었다. 따라서 여성들은 사회적으로 지위가 없었으며 많은 여성 과학자들이 나올 수 없었다.

〈남녀평등〉을 주장하는 사회적 변혁은 19세기 말과 20세기 초에 비로소 시작되었다. 폴란드 태생의 프랑스 과학자 퀴리 부인(Marie Curie, 1867~1934)은 노벨 물리학상과 화학상을 탔고, 중국 태생의 미국 물리학자 우젠슝(吳健雄, 1912~1997)은 미국 물리학회의 첫 여성 회장이 되었다. 이들이 여성 과학자의 걸출한 대표이며, 많은 여성들은 그들을 본보기로 하여 과학의 길을 걷게 되었다.

여성이 물리학, 화학, 생물학, 화학에서 성과가 비교적 큰 데 비하여 수학에서의 성과는 비교적 적고, 수학 연구에 종사하는 여성은 특별히 적다. 이것은 수학계에서 장기간 여성을 등용치 않은 것과 관계된다.

세계에서 제일 처음으로 수학 교수가 된 여성은 러시아 출신의 소피아 코발레프스카야(Sophia W. Kowalewskaja,

1850~1891)이다. 그는 러시아에서 일자리를 찾을 수 없었다. 그 후 1889년 스웨덴의 스톡홀름 대학의 수학 교수가 되었다. 20세기의 제일 위대한 여성 수학자라 불리는 독일의 수학자 아말리 에미 뇌터(Amalie Emmy Noether, 1882~1935)는 추상대수학의 창시자이나, 1920년 독일의 괴팅겐 대학에 있을 때 학교측에서 줄곧 강사로 있고 교수가 되지 못하게 하였다.

줄리아 로빈슨

제2차 세계 대전 후에 상황은 큰 변화가 생겼다. 줄리아 로빈슨(Julia Hall Bowman Robinson, 1919~ 1985)이 1983년에 미국 수학회의 첫번째 여성 회장이 되었고, 1998년 미국에는 1216명의 수학 박사가 나왔는데 그 중 919명이 남성이고 297명이 여성으로 여성 수학 박사가 전체 박사의 4분의 1을 차지했다.

교육학과 심리학의 연구에 따르면 여학생과 남학생의 수학 능력에는 차이가 없다. 이른바 〈여성은 수학을 배우는 데 적합하지 않다〉는 것은 근거가 없는 것이다. 사회의 진보와 남녀평등 관념이 수립되면 21세기에는 여성 수학자가 활발한 기여를 할 것이다.

아말리 에미 뇌터(Amalie Emmy Noether, 1882~1935)는 독일 출신의 수학자이다.
19세기의 수학으로부터 현대 수학으로의 과도기적인 〈추상대수학〉을 추진하여 힐베르트, 바일 등과 함께 독일 괴팅겐대학의 황금시대를 열었다.
일찍이 아인슈타인은 그녀를 "가장 주목할 만한 창조적인 수학 천재이다" 라고 칭송한 바 있다.

15
국가가 발전하려면 왜 수학이 발달해야 하는가

아이작 뉴턴

역사적으로 볼 때 경제가 발전하고 국력이 강성할 때에는 수학 수준도 높아진다. 따라서 그 나라는 수학 강국이 된다.

17세기 영국이 산업 혁명을 주도하던 시기에 아이작 뉴턴(Isaac Newton, 1642~1727)은 수학과 과학에서 혁명적인 기여를 하였다.

그리고 프랑스의 나폴레옹 정권이 강성해지면서 수학 중심은 프랑스로 옮겨졌다.

19세기 후반에는 독일이 앞서 나갔다. 생산 수준은 프랑스를 초과하였다. 또한 수학계에서도 카를 프리드리히 가우스(Karl Friedrich Gauss, 1777~1855)와 같은 대수학자가 나타났고, 수학 실력도 프랑스를 추월하게 되었다.

20세기 초 미국의 공업 경제가 발전하면서 1930년부터 수학의 선두 주자가 되었으며 프린스턴 고등 연구원은 세계 수학의 중심이 되었다. 20세기 중엽에는 구소련이 초강대국이 되면서 모스크바 대학의 수학 수준이 프린스턴과 비길 수 있게 되었다. 냉전 시기 세계 수학의 형세는 구소련과 미국이 앞서고 서유럽과 일본이 바싹 따라잡는 모양이었다.

수학은 과학 발전의 기초이다. 경제가 발달하고 과학 기술이 진보하면, 중대한 수학 문제가 제기되어 수학자들을 고무 격려하여 창조하게 한다. 막강한 국방력도 수학 사업의 지지가 필요하다. 사람들은 정보 시대의 많은 과학 기술이 수학 지식이라고 말한다.

한국은 우수한 수학적 전통을 가지고 있는 나라이다. 한국의 국력이 커짐에 따라 수학 수준도 빠르게 발전했다. 인공위성과 우주로켓의 연구와 제조에 중요한 기여를 하고 있다. 그러나 한국의 수학 실력은 아직은 세계 최정상급은 아니다. 아직까지 필즈상 수상자를 배출하지 못했다. 한국의 수학자들은 21세기 수학 대국이 되기 위한 원대한 포부를 지녀야 한다. 이 목표를 실현하려면 많은 노력이 필요하다. 미래의 젊은 세대들에게 희망을 건다.

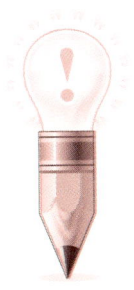

16
왜 순수 수학은 큰 응용 가치가 있는가

아폴로니오스

왜 수학을 배워야 하는가 하고 물으면 많은 학생들은 이렇게 대답할 것이다. 〈수학 시험에서 높은 점수를 따내기 위해서요.〉

안타까운 얘기이지만, 수학을 배우는 것은 시험에 대처하기 위해서가 아니라 생활과 과학 기술 발전에 수학을 응용하여 문제를 해결하기 위한 것이다.

학교에서 배우는 기초적인 내용, 예를 들면 더하기, 빼기, 곱하기, 나누기는 얼핏 보기엔 매우 무미건조한 것 같지만 실제로는 어디에서나 쓸모 있는 것이다. 물건을 사고 값을 치르는 것, 은행에 저금한 후 이자를 계산하는 것, 땅을 재고 설계를 하는 것 등 어느 것이나 수학을 떠날 수 없다.

수학의 다른 내용도 마찬가지이다. 기원전 200여 년의 고대 그리스의 수학자 아폴로니오스(Apollonios of Perga, BC

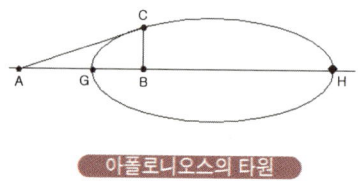

아폴로니오스의 타원

262?~BC 200?)는 타원을 연구하였는데, 당시에는 이것이 어디에 쓸모 있을지 몰랐다.

그러나 16~17세기에 독일의 천문학자 요하네스 케플러(Johannes Kepler, 1571~1630)가 행성 운동을 연구할 때 지구의 공전 궤적이 타원이라는 것을 발견하여 사용하였다. 발견에서 실제 사용하기까지 실로 2000여 년이란 시간이 걸렸다.

요하네스 케플러

각 나라는 기밀 정보를 주고받는다. 특히 전쟁 때의 군사 통신은 더욱 그러하다. 제2차 세계 대전 때 영국의 수학자 앨런 튜링(Alan Mathison Turing, 1912~1954)은 정부를 도와 독일 군대의 비밀 암호를 알아내어 많은 잠수함을 격침하였다. 당시 미국도 이 기술을 이용하여 일본의 비밀 암호를 알아내어 태평양에서 일본 함대에 큰 타격을 주었다.

앨런 튜링

그러므로 우리는 수학을 두려워하지 말고 미워하지 않아야 한다. 수학은 영리한 강아지와도 같다. 학생들이 미워하면 짖거나 꽉 물 수도 있다. 그러나 학생들이 친근하게 다가오면 충실한 벗이 되어 일생을 풍요롭게 도와준다.

1장. 수학여행 — 역사와 이야기 속으로

앨런 튜링과 애플의 사과 로고

영국 출신의 천재 수학자 앨런 튜링(Alan Mathison Turing, 1912~1954)은 1936년 대학원에 다닐 때 〈계산 가능한 수에 관하여〉라는 기념비적 논문을 썼다. 이 논문은 훗날 〈튜링 기계〉라고 불리우는 계산하는 기계에 대한 논문이다. 어떤 프로그램이든 모두 읽고 해석할 수 있는 보편적인 〈튜링 기계〉는 현대적 디지털 컴퓨터의 개념적 원조가 되었다.

에니그마

2차 세계 대전이 발발하자 영국 통신국에서 근무하면서 천재적인 능력으로 〈에니그마(Enigma)〉라는 독일군의 암호 기계의 암호문을 해독해낸다. 또한 1942년 세계 최초의 전자식 디지털 컴퓨터인 〈콜로서스(Colossus)〉라는 컴퓨터를 만들어 암호 해독을 자동화했는데, 이것이 연합군의 노르망디 상륙작전을 성공시키는 데 큰 역할을 했다.

콜로서스

앨런 튜링은 포레스트 검프처럼 달리는 것으로써 스트레스를 풀었다고 한다. 그의 마라톤 최고 기록은 2시간 46분 3초로 1948년 영국 런던 올림픽 우승자의 기록에 불과 11분 정도밖에 차이가 나지 않는다고 한다.

천재들의 말로가 대체적으로 불행했던 것처럼 앨런 튜링의 말년은 비참했다. 1952년 그는 동성애자로 경찰에 체포(당시에는 동성애를 불법으로 처벌)되어 1년간 보호감찰과 동성애를 억제할 목적으로 여성 호르몬 주사의 투여를 명령받았다고 한다. 그는 중추신경계가 손상되고 유방이 부풀어오르는 등 자신의 몸이 점차 여성으로 변하는 것을 참을 수 없었다.

그로부터 2년 후 그는 42세라는 젊은 나이에 자신의 집에서 주검으로 발견되었는데, 그의 옆에는 청산가리가 묻은 사과가 나뒹굴고 있었다고 한다. 백설공주의 독사과처럼.

한 위대한 과학자를 당시의 사회적 편견 때문에 죄인으로 몰아세우고 급기야 자살에 이르게 만든 것은 인류의 불행이 아닐 수 없다.

미국 애플사는 앨런 튜링의 죽음과 연관된 일화가 있다. 앨런 튜링의 죽음 20여 년 후 애플사의 창업자 스티브 잡스(Steven Paul Jobs, 1952~)는 인류 최초의 개인용 컴퓨터를 만들었을 때 그 이름을 애플이라고 짓고, 한 입 베어 문 사과를 로고로 정했다. 〈진정한 컴퓨터의 아버지에 대한 경의 표시로……〉

Apple Computer, Inc.

우주의 화음을 작곡한 천문학자 - 케플러

피타고라스(Pythagoras, BC 582?~BC 497?)가 신비주의자로 불리는 이유 중에는 자신이 우주의 화음을 직접 들었다는 주장 때문이다. 그는 천구의 행성들은 움직이면서 고유의 음을 만들어낸다고 믿었다. 이 천체의 화음은 매우 커다란 소리인데도 사람의 귀에 들리지 않는 것은 사람이 태어나면서부터 계속 이 소리를 들어와 너무 익숙해져 있기 때문이라고 설명했다.

그런데 독일의 수학자, 천문학자인 요하네스 케플러(Johannes Kepler, 1571~1630)는 피타고라스의 특이한 우주론에서 한 발 더 나아가 우주의 화음을 악보로까지 제작하였다.

니콜라우스 코페르니쿠스(Nicolaus Copernicus, 1473~1543)의 지동설을 지지하면서 행성들은 원이 아니라 타원의 형태로 움직인다는 것을 밝혀 천문학 분야에 커다란 업적을 남긴 요하네스 케플러가 다른 한편으로는 피타고라스가 주장한 우주의 화음을 구체적으로 표현하려는 일을 시도했다는 것은 참으로 아이러니가 아닐 수 없다.

요하네스 케플러는 우주는 원형의 현을 갖춘 모양의 거대한 현악기이며, 천체가 움직이면 마치 현을 퉁겼을 때처럼 공기가 진동되며 소리를 낸다고 했다. 합주의 지휘자는 태양이며, 천체의 합주로 하늘의 조화가 이루어진다는 것이다.

흥미로운 것은 요하네스 케플러는 각 행성마다의 선율을 구별해냈는데, 지구는 〈미, 파, 미〉에 해당된다는 것이다. 미(mi)는 괴로움(miseria)으로 파(fa)는 굶주림(fames)의 약자로 해석하면서 그런 까닭에 지구에는 늘 근심과 굶주림이 가득하다고 생각했다.(당시의 유럽은 가톨릭과 개신교 사이에 30년 종교 전쟁이 벌어지고 있었다.)

요하네스 케플러는 자신이 이룩한 천문학적 업적에 비해 당대에는 명성을 얻지 못한 채 길거리에서 객사하는 불운을 맞았다.

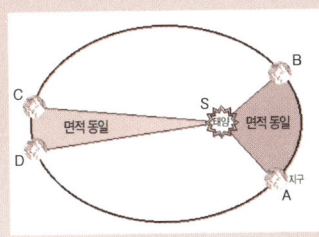

케플러의 법칙

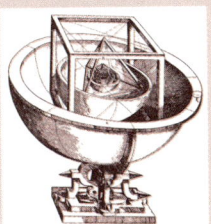

케플러의 천체 모형

17
어떻게 수학적 방법으로 해왕성을 발견하였는가

윌리엄 허셜

허셜의 40피트 망원경

고대에는 시력으로 수성, 금성, 화성, 목성, 토성을 찾아냈다. 1781년 영국의 천문학자 윌리엄 허셜(William Federick Herschel, 1738~1822)은 높은 배율의 천체 망원경으로 천왕성을 관측했다. 천왕성의 발견은 〈해왕성(Neptune)〉의 발견에 튼튼한 기초를 닦아 놓았다. 재미있는 것은 〈해왕성〉은 관측을 통하여 발견한 것이 아니라, 〈수학적 방법〉으로 계산해낸 것이라는 것이다.

허셜이 망원경으로 천왕성을 발견한 이래 이것이 천문학자들에게 가져다 준 곤혹스러움은 기쁨보다 컸다. 왜냐하면 이 행성의 궤도가 어긋났기 때문이다. 천왕성은 술에 취한 사람처럼 흔들흔들하고 비틀거렸다.

프랑스의 천문학자 위르뱅 르베리에(Urbain-Jean-Joseph Le Verrier, 1811~1877)가 1845년에 관측 자료를 토대로 방정식을 세우고, 1846년 8월 31일 미지의 행성의 위치를 계산해냈다. 그 후 베를린 천문대의 요한 갈레(Johann Gottfried Galle, 1812~1910)가 그 지점을 관측하여 해왕성을 발견하게 되었다.

　사실 르베리에보다 영국의 존 애덤스(John Couch Adams, 1819~1892)가 좀더 일찍 같은 결론을 이끌어냈었다. 애덤스는 1845년 9월부터 10월 사이에 미지의 행성을 예측한 것이다. 그는 캠브리지 대학과 그리니치 천문대에 예측한 행성을 찾아볼 것을 호소했다. 그러나 당시 그는 천문학계에서 이름이 알려진 존재가 아니어서 그의 발견은 충분한 관심을 끌지 못했다.

　후에 영국과 프랑스에서 누가 〈해왕성〉을 먼저 발견했는가를 두고 논쟁이 일었다. 그러나 르베리에와 애덤스는 이 논쟁에서 벗어나 친구가 되었다. 수학적 방법으로 해왕성을 찾은 이 사실은 수학의 위력을 또 한번 검증하는 것이다.

요한 갈레

르베리에

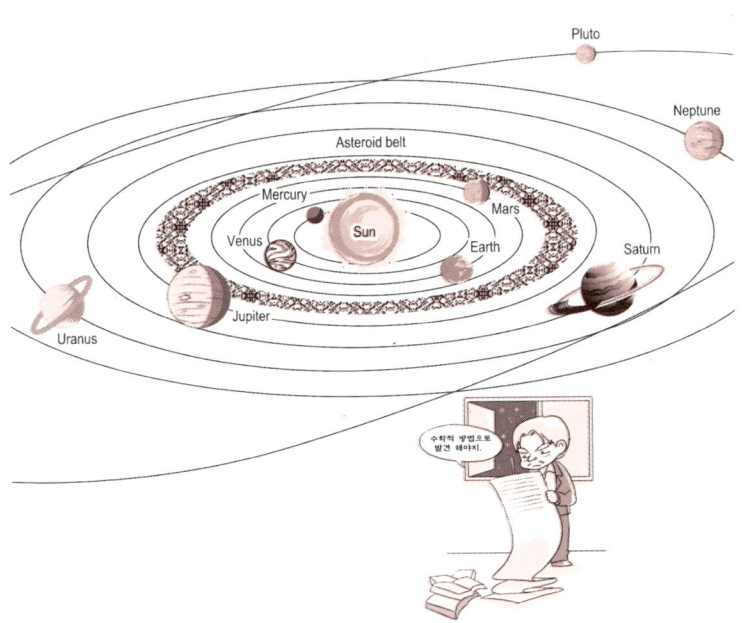

18
비유클리드 기하학이란 무엇인가

니콜라이 로바쳅스키

직선 밖의 한 점을 지나되, 그 직선과 만나지 않는 직선이 무한개 있다면 믿어지는가? 이것은 중학교에서 배우는 평행의 원리와 모순되는 명제이다. 이것은 비유클리드 기하학에서 토론되는 내용이다.

고대부터 사람들은 직선 밖의 한 점을 지나고 l에 평행인 직선은 하나밖에 없다고 인정하였다. 즉 l과 만나지 않는 직선은 하나밖에 없다는 사실을 밝혔다. 이것이 고대 그리스의 수학자 유클리드(Euclid, BC 330?~BC 275?)가 탄생시킨 유클리드 기하학이다.

1823년 러시아의 수학자 니콜라이 로바쳅스키(Nikolai Ivanovich Lobachevski, 1792~1856)는 새로운 기하학을 내놓았는데, 〈직선 밖의 한 점을 지나되, 그것과 만나지 않는 직선을 하나 이상 그을 수 있다〉라고 했다. 이것을 비유클리드 기하학이라고 한다.

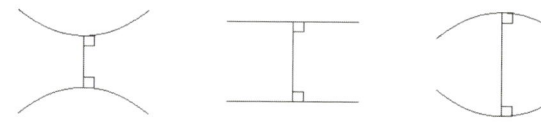

그 이후에도 많은 새로운 비유클리드 기하학 이론이 나왔는데, 독일의 수학자 게오르크 리만(Georg Friedrich Riemann, 1826~1866)의 이론이 대표적인 경우이다.

비유클리드 기하학과 유클리드 기하학은 모두 사실이다. 다만 그것이 우리가 이해하는 3차원적이냐 아니냐가 다를 뿐이다. 알베르트 아인슈타인(Albert Einstein, 1879~1955)은 일반 상대성 이론에서 리만의 비유클리드 기하학으로 물리적 공간을 서술했다. 그러나 일상생활에서 우리가 쓰는 것은 유클리드 기하학으로 충분하다.

유클리드

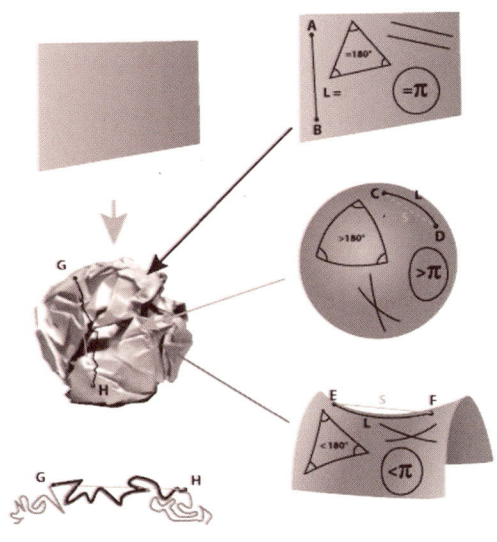

리만의 이론 모형

19
〈골드바흐 추측〉이란 무엇인가

크리스티안 골드바흐

레온하르트 오일러

1742년 6월 7일에 독일의 수학자 크리스티안 골드바흐(Cristian Goldbach, 1690~1764)는 스위스의 수학자 레온하르트 오일러(Leonhard Euler, 1707~1783)에게 보낸 편지에 다음과 같은 글을 썼다.

〈5보다 큰 모든 정수는 세 소수의 합으로 표현 가능하다.〉

그 해 6월 30일 오일러는 회답 편지에서 〈2보다 큰 모든 정수는 세 개의 소수의 합으로 표현 가능하다.〉라고 했다. 그러나 당시에는 이 결론을 증명할 방법이 없었다.

이 두 문제는 수학계에서 커다란 흥미를 불러일으켰는데, 이것이 바로 〈골드바흐 추측〉이다.

골드바흐 추측은 오랫동안 증명되지 않았다. 1912년의 국제 수학자 대회에서 또 하나의 추측 — 〈정수 C가 2보다 크거나 2와 같은 정수가 C개를 넘지 않는 소수의 합으로 표시된다〉 — 이 제기되었다. 1930년에 이 추측이 증명되었다. 이것은 골드바흐 추측의 증명으로 가는 첫 관문인 셈이었다.

그리고 1937년에는 충분히 큰 홀수는 모두 세 소수의 합으로 표시할 수 있다는 것을 증명하였다. 이것은 골드바흐 추측을 해결하는 제일 큰 업적으로 〈세 소수 정리〉라고 한다.

골드바흐 추측이 제기된 지 300년이 가까워 온다. 그러나 아직도 증명하지 못하고 있다. 여러분이 그 일을 이루어주길 바란다.

골드바흐가 오일러에게 보낸 편지

100만 달러의 상금과 〈필즈상〉 수상을 거부한 수학자

골드바흐 추측 외에 현재까지 증명하지 못하고 있는 수학적 난제들 중 미국의 클레이 수학연구소에서 발표한 7가지를 일컬어 〈새천년 문제들(Millennium Prize Problems)〉이라고 한다. 2000년 미국의 클레이 수학연구소에서는 이 난제의 증명에 각 100만 달러의 상금을 내걸었다.

1. P - NP 문제(P vs NP problem)
2. 리만 가설(Riemann hypothesis)
3. 푸앵카레 추측(Poincare conjecture)
4. 호지 추측(Hodge conjecture)
5. 버치와 스위너톤 - 다이어 추측(Birch & Swinnerton-Dyer conjecture)
6. 내비어 - 스톡스 방정식(Navier-Stokes equation)
7. 양 - 밀스 이론과 질량 간극 가설(Yang-Mills existence & mass gap)

그 중 한 문제인 〈푸앵카레 추측(Poincare conjecture)〉이 2003년 러시아 출신의 무명 수학자 그리고리 페렐만(Grigori Yakovlevich Perelman, 1966~)에 의해서 풀렸다. 그는 이 문제의 해법을 전문 수학지에 발표한 것이 아니라 인터넷에 공개했다. 많은 수학자들이 인터넷에 공개된 페렐만의 해법을 증명하는 데만 3년이 걸렸다고 한다.

그런데 놀라운 것은 페렐만은 100만 달러의 상금을 거부했다는 것이다. 또한 국제수학자회의에서 그를 〈필즈상〉 수상자로 선정했지만, 이 또한 거절한 채 고향인 상트 페테르부르크로 돌아갔다. 국제수학자회의에서 페렐만의 집까지 찾아가 설득했지만 그는 끝내 수상을 거부했다.

그는 러시아의 스테클로프 연구소에서 일하면서 월 300달러 정도의 월급만으로 궁핍하게 살아가면서도 끝내 부와 명예를 거절했다.

20
무엇을 〈4색 문제〉라고 하는가

프란시스 구드리

지도에서 색을 칠할 때 우리는 언제나 인접하여 있는 구역에 다른 색깔을 칠하여 구별되게 한다. 그러면 한 장의 지도에 몇 가지 색깔이 필요한가? 한 장의 지도를 4가지 색깔로 칠할 필요가 있으면 우리는 〈4색 지도〉라고 부르고, 5가지 색깔이 필요하면 〈5색 지도〉라고 한다.

1852년 10월 런던 대학을 졸업한 지 얼마 되지 않는 청년 수학자 프란시스 구드리(Francis Guthrie, 1831~1899)가 영국의 지도에 색깔을 칠할 때 4가지 색깔이면 국가들을 구분할 수 있다고 했다. 그리고 1878년 영국의 수학자 아서 케일리(Arther Cayley, 1821~1895)가 이것을 공식적으로 제기했다. 이것이 유명한 〈4색 문제(four color theorem)〉이다.

4색 문제, 페르마의 정리, 골드바흐 추측은 근대 수학의 세 가지 난제로 알려져 있다.

4색 문제를 증명하려면 그릴 수 있는 모든 지도를 고려해야 하는데 그러한 지도는 부지기수이다. 1940년에 35개 또는 35개보다 적은 구역의 지도를 4가지 또는 4가지보다 적은 색깔로 칠할 수 있음을 증명하였다. 1968년에는 구역을 39까지 높일 수 있다고 했고, 그 후 96까지 가능하다는 것을 알아내었다.

1970년대에 들어 컴퓨터의 도움으로 획기적인 전기가 마련되었다. 1976년 미국 일리노이 대학의 수학자 케네스 아펠(Kenneth Appel, 1932~)과 볼프강 하켄(Wolfgang Haken, 1928~)이 세 대의 컴퓨터로 1200시간 계산하여 4색 정리의 증명을 완성하였다. 이는 1976년 세계 수학사에서의 대사이며, 컴퓨터 수학 시대가 왔음을 의미하였다. 이로부터 4색 문제는 추측에서 〈4색 정리〉로 승격되었다.

케네스 아펠과 볼프강 하켄

그러나 많은 수학자들이 컴퓨터를 이용한 이 증명법을 좋아하지 않고 있다. 아펠과 하켄이 완벽하게 증명을 하긴 했지만 지나치게 복잡하고, 기계의 힘을 빌린 것이기 때문이다. 문제가 단순한 만큼 증명도 〈우아하고 단순한 방법〉이 있을 거라는 것이 대다수 수학자들의 생각이다. 4색 문제는 기계의 힘을 빌리지 않는 방법은 아직까지 미해결인 셈이다.

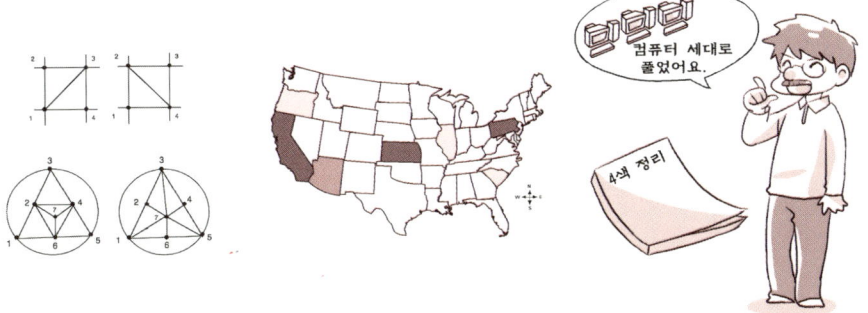

2장 수학여행 – 기묘한 도형의 세계로

21_ 무엇을 〈한붓그리기〉라고 하는가
22_ 〈쾨니히스베르크의 다리 문제〉는 무엇인가
23_ 우편배달부는 어떤 길로 가야 하는가
24_ 무엇을 〈세계 일주〉 놀이라고 하는가
25_ 36명의 군인으로 정사각형의 행렬을 배열할 수 있는가
26_ 왜 수학에 〈변수〉를 도입하였는가
27_ 〈만세불갈〉이란 무엇을 의미하는가
28_ 피라미드의 높이는 어떻게 측정하였을까
29_ 어떻게 나무의 그림자로 나무의 높이를 잴 수 있는가
30_ 왜 확대경은 각을 확대하지 못하는가
31_ 왜 벌집은 육각형인가
32_ 왜 타일은 대부분 정사각형이나 정육각형인가
33_ 오각별을 어떻게 그리겠는가
34_ 직각자를 쓰지 않고 직각을 그려 볼까
35_ 길을 어떻게 닦으면 비용이 제일 적게 들겠는가
36_ 컴퍼스만 이용하여 원의 중심을 찾을 수 있는가
37_ 경사진 직사각형 물통의 표면은 몇 가지 도형을 만드는가
38_ 왜 캔음료, 보온병 등은 모두 원기둥인가
39_ 바깥 레인의 출발선은 왜 안쪽 레인보다 앞에 있는가
40_ 강철구가 어떻게 떨어지면 제일 빠른가
41_ 꽃밭의 면적이 마당의 절반을 차지하려면 어떻게 설계해야 하는가
42_ 삼각형 모양의 밭을 인구에 따라 나누기
43_ 원주율은 어떻게 계산하는가
44_ 다차원 공간이란 무엇인가
45_ 구와 고리가 〈위상기하학〉에서는 같은가
46_ 한 개 면만 있는 종이띠가 있는가
47_ 왜 삼각형 구조는 안정적인가

21
무엇을 〈한붓그리기〉라고 하는가

하나의 출구 A_1만 있고 안은 폐쇄된 비밀 궁전이 있다. 학생은 A_1에서 출발하여 중복하지 않게 모든 통로를 거친 후 A_1점으로 나올 수 있는가? 이것이 〈한붓그리기〉 문제, 즉 점과 선분으로 이루어진 도형을 중복하지 않고 단번에 그리는 것이다.

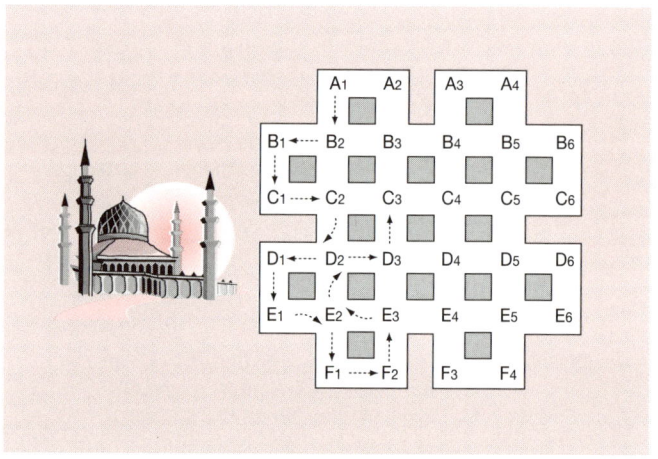

어떤 도형을 한붓그리기 할 수 있는가? 이런 도형은 어떤 법칙이 있는가? 다음의 도형을 보자(그림 1). 그림에서 두 점은 선으로 연결할 수 있다. 그림에서 점을 두 개의 부류로 나눌 수

있다. 한 점에서 출발한 선이 홀수이면 홀수점(예를 들면 A, B 점), 짝수이면 짝수점(예를 들면 C, D, E, F, G, H점)이라고 한다. 도형은 각양각색이지만 한붓그리기를 할 수 있는 도형은 오직 두 가지밖에 없다.

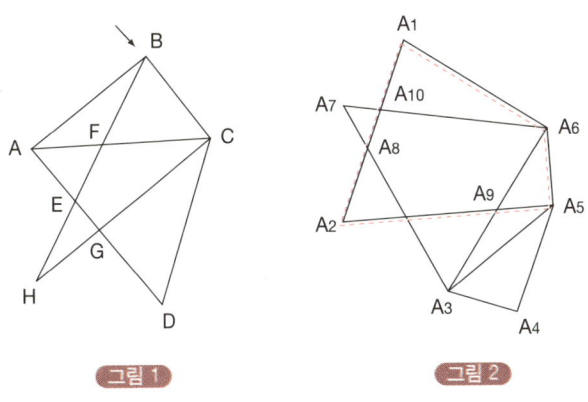

그림 1   그림 2

1. 도형의 모든 점이 짝수점일 때 임의의 한 점에서 출발하여 한붓그리기가 가능하다.

2. 도형에 두 개의 홀수점만 있을 때 그 중의 한 점에서 출발하면 한붓그리기가 가능하다.

왜 이 두 가지 도형만 가능한가?

첫째 상황을 보자. 도형은 홀수점이 없다(그림 2). 임의의 한 점에서 출발하면 하나의 폐회로를 그릴 수 있는데, 예를 들면 A_1에서 출발하여 $A_2 \to A_5 \to A_6$을 거쳐 마지막에 A_1에 돌아온다(그림의 점선 부분). 이제 이 부분을 지워 버리면 나머지 부분은 그림 3 과 같은데, 이 도형에는 여전히 짝수점만 있으므로 위와 마찬가지로 하나의 폐회로, 이를테면 $A_6 \to A_7 \to A_3 \to A_6$을 그릴 수 있다. 점 A_6은 위의 폐회로에도 있으므로 뒤의 폐회로를 앞의 폐회로에 연결하면 더 큰 폐회로 즉 $A_1 \to A_2 \to A_5 \to A_7 \to A_3 \to A_6 \to A_{10}$을 얻는다. 다음에 이 폐회로도 지우고 나머지 부분에서 또 폐회로를 얻어 이전의 폐회로에 연결한다. 이와 같이 해 내려가면 도형을 하나의 폐회로로 연결할 수 있다. 다시 말하면 완전한 도형을 한붓그리기 할

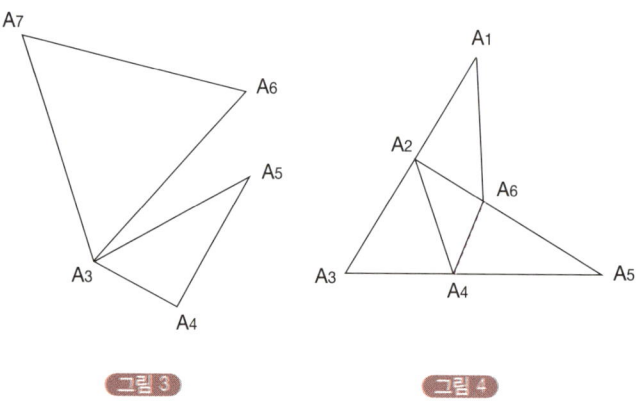

그림 3 그림 4

수가 있다.

이제는 둘째 상황을 쉽게 설명할 수 있다. 그림 4 에서 A_4, A_6 두 개의 점만 홀수점이고 나머지는 짝수점이다. 두 홀수점 A_4와 A_6 사이에 선을 하나 보태면(그림의 점선처럼) 모든 점은 짝수점으로 변한다. 이렇게 되면 첫째 상황과 같게 된다. 따

라서 이 도형은 한붓그리기를 할 수 있고, 제일 먼저 그리는 선이 바로 추가로 보탠 그 점선이다. 예를 들면 $A_6 \to A_4 \to A_2 \to A_1 \to A_6 \to A_5 \to A_4 \to A_3 \to A_2 \to A_6$이다. 이제 또 제일 먼저 그린 선을 지우면 원래 도형을 한붓그리기를 할 수 있는데 즉 $A_4 \to A_2 \to A_1 \to A_6 \to A_5 \to A_4 \to A_3 \to A_2 \to A_6$이다.

이러고 보면 우리는 앞서 제시한 비밀 궁전의 문제를 쉽게 해결할 수 있다. 그것은 안에 형성된 도형은 연결되어 있고, 교차점은 모두 짝수점이기 때문에 모든 길을 중복하지 않으면서 출발점에 돌아오는 것은 가능한 것이다. 그 중 한 가지 방법은 $A_1 \to B_2 \to B_1 \to C_1 \to C_2 \to D_2 \to D_1 \to E_1 \to E_2 \to F_1 \to F_2 \to E_3 \to E_2 \to D_2 \to D_3 \to C_3 \to C_2 \to B_2 \to B_3 \to C_3 \to C_4 \to D_4 \to D_3 \to E_3 \to E_4 \to F_3 \to F_4 \to E_5 \to E_4 \to D_4 \to D_5 \to D_6 \to E_6 \to E_5 \to D_5 \to C_5 \to C_4 \to B_4 \to B_5 \to B_6 \to C_6 \to C_5 \to B_5 \to A_4 \to A_3 \to B_4 \to B_3 \to A_2 \to A_1$이다.

22
〈쾨니히스베르크의 다리 문제〉는 무엇인가

18세기 초 프러시아의 쾨니히스베르크(현재는 러시아의 칼리닌그라드)에 프레겔이라는 강이 있었는데, 강의 중간에 섬 하나가 있고 다리가 7개 놓여 있었다(그림 1).

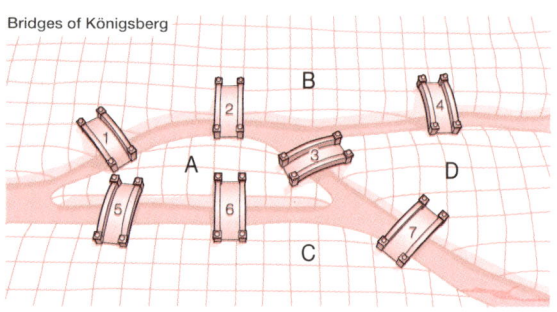

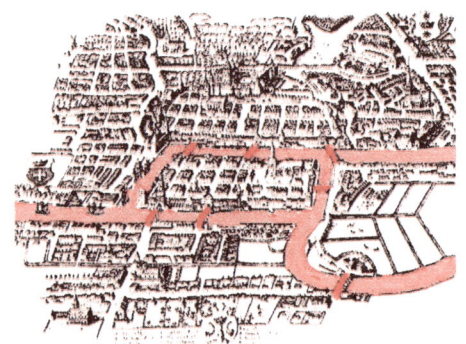

쾨니히스베르크

풍경이 아름답고 환경이 조용해서 사람들은 이곳에서 산책하기를 즐겼다. 어떤 사람이 다음과 같은 재미있는 문제를 제기하였다. 7개 다리를 중복하여 건너지 않고 원래의 출발점으로 돌아오겠는가? 이것이 역사적으로 이름 있는 〈쾨니히스베르크의 다리 문제〉이다.

레온하르트 오일러

이 문제는 얼핏 보기엔 매우 쉬운 것 같지만 누구도 해결하는 사람이 없었다. 어떤 사람이 스위스의 수학자 레온하르트 오일러(Leonhard Euler, 1707~1783)에게 방법을 가르쳐 줄 것을 요구했다. 오일러는 육지를 점으로 표시하고, 두 점을 맺은 선으로 다리를 표시하여 그림 2 로 그림 1 을 대치했다. 하여 7개 다리 문제는 그림 2 의 한붓그리기 문제로 바뀌었다.

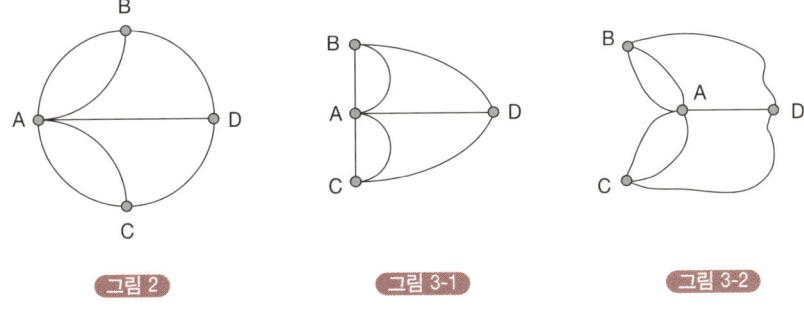

그림 2   그림 3-1   그림 3-2

한붓그리기는 중간에 지나는 점을 중복되지 않아야 한다. 때문에 중간에 있는 점을 연결한 선은 짝수여야 한다. 그러나 그림 2 는 그걸 만족하지 못한다. 그래서 〈쾨니히스베르크의 다리 문제〉는 답이 없다.

2장. 수학여행 — 기묘한 도형의 세계로 | 65

한붓그리기는 홀수점이 두 개를 넘지 말아야 한다. 그림 2 는 이 조건을 만족시키지 못한다.

오일러는 7개 다리 문제를 해결하면서 그림의 개념을 활용했다. 그림은 점과 점을 연결한 선으로 구성되었다. 7개 다리 문제 그림은 그림 3 처럼 그릴 수 있다. 그림에서 점의 위치 및 선의 길고 짧음, 굽고 곧은 것은 중요하지 않으며 끼인 각과 도형의 면적 등도 아무런 의미가 없다.

오일러의 한붓그리기는 물리학, 화학, 생물학, 컴퓨터 과학, 심리학, 언어학, 사회학 등 많은 자연 과학과 사회 과학에서 널리 응용되고 있다.

23
우편배달부는 어떤 길로 가야 하는가

우편배달부가 우체국 부근에서 책과 신문, 편지를 나른다. 이 구역의 지형도는 그림1과 같다. 그는 매일 우체국 P에서 출발하여 이 구역의 크고 작은 골목을 모두 다녀야 한다. 될수록 중복되는 길을 걷지 않고 우편물을 빨리 나르기 위하여 어떤 길로 가야 하는지 생각해야 한다.

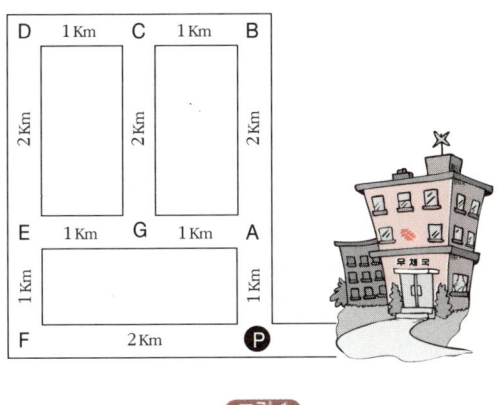

그림 1

이것 역시 한붓그리기 문제이다. 출발점과 종점은 모두 우체국(P점)이다. 한붓그리기 원리에 근거하여 중복되는 길을

2장. 수학여행 — 기묘한 도형의 세계로

걷지 않으려면, 도형에서 홀수점이 많아서 두 개 있어야 한다. 그러나 그림에서 A, C, E, G 네 점이 홀수점이다. 따라서 모든 골목을 중복되지 않게 걷는 것은 불가능하다. 그러면 어떻게 가야 중복되는 길을 적게 걸을 수 있는가?

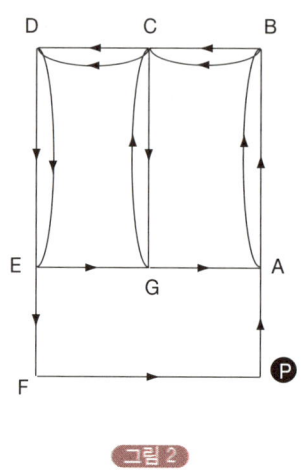

그림 2

첫째 방법 : 그림 1 에 새로운 선을 그려 넣는다(그림 2). 새로 그은 선까지 포함하면 이 도형의 점은 모두 짝수점이 된다. 따라서 한붓그리기가 가능해진다. 그리는 방법은 $P \rightarrow A \rightarrow B \rightarrow C \rightarrow G \rightarrow A \rightarrow B \rightarrow C \rightarrow D \rightarrow E \rightarrow G \rightarrow C \rightarrow D \rightarrow E \rightarrow F \rightarrow P$이다. 이 방법으로 간다면 새로 그은 선이 바로 중복되는 길이다. 이것은 제일 좋은 방법이 아니다. $ABCGA$에서 그은 선의 길이가 그려 넣지 않은 부분의 길이를 초과하기 때문이다.

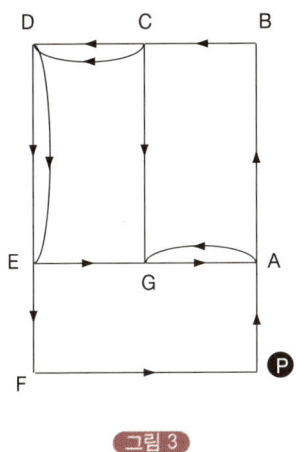

그림 3

둘째 방법 : 그림 2 에서 AB, BC, CG 옆에 그은 선을 지우고 A, G 옆에 선을 그으면 그림 3 이 된다. 이 도형 역시 모든 점이 짝수점이 되어 한붓그리기가 가능해진다. 또한 그림 2 의 경우보다 그은 선의 길이가 훨씬 짧아진 것을 알 수 있다. 이때의 걷는 방법은 $P \to A \to B \to C \to D \to E \to G \to A \to G \to C \to D \to E \to F \to P$ 이다.

둘째 방법이 첫째 방법보다 중복되는 길이 감소했는데, 이 방법으로 가는 길이 가장 짧다. 각각의 길에서 추가로 그은 선이 기존 선의 길이를 넘지 않기 때문이다.

24
무엇을 〈세계 일주〉 놀이라고 하는가

윌리엄 해밀턴

1959년 영국의 수학자이자 이론물리학자인 윌리엄 해밀턴(William Rowan Hamilton, 1805~1865)이 유명한 수학 놀이? 〈세계 일주〉를 발표했다. 그는 정십이면체(그림 1)의 20개 정점을 세계에서 가장 유명한 20개 도시로 보고, 한 도시에서 출발하여 모든 도시를 빠뜨리지 않고 중복되지도 않게 전부 통과하라는 요구를 제출했다.

과연 이런 노선을 찾을 수 있는가?

정십이면체에는 면이 12개, 정점이 20개, 변이 30개 있다. 〈쾨니히스베르크 다리 문제〉에서 우리는 점의 위치와 변의 길고 짧음, 굽고 곧은 것이 문제를 해결하는 데 영향이 없다는 것을 알았다. 때문에 정십이면체의 뒷면을 가위로 잘라서 펼치면 그림 2 와 같은 도형을 얻을 수 있다. 이러면 문제가 비교적 쉽게 풀린다.

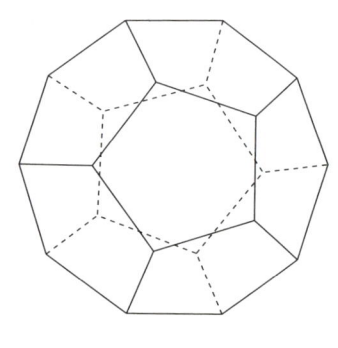
그림 1

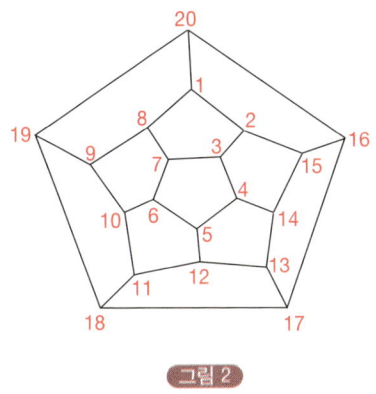

그림 2

　그림 2 의 어느 점에서 출발해도 좋다. 1호점을 선택해도 무방하단 얘기이다. 그림 2 에 표시한 점의 순서대로 1호에서 20호까지, 안에서 밖으로 가면 〈세계 일주〉 놀이를 완성할 수 있다.

　〈세계 일주〉 놀이 같은 성질의 그림을 〈해밀턴 회로〉라고 부른다. 〈해밀턴 회로〉가 되는 필요충분조건은 무엇인가? 이것이 해밀턴 문제인데, 아직 해결하지 못한 중요한 문제이다.

25
36명의 군인으로 정사각형의 행렬을 배열할 수 있는가

전하는 말에 의하면 프러시아 대제 프리드리히가 한 차례의 축하 모임을 거행하기 위하여 6개 부대(예를 들면 A, B, C, D, E, F 6개 부대)에서 각각 6명의 다른 등급의 군인 36명을 선발(예를 들면 소위, 중위, 상위, 소령, 중령, 대령 — 편리하게 1, 2, 3, 4, 5, 6으로 대치)하여 정사각형 행렬로 검열을 받게 하려고 하였다. 프리드리히 대제는 기발한 생각이 떠올라 이 행렬을 다음과 같은 규칙에 따라 배열할 것을 요구했다. 각각의 행(렬)의 여섯 사람은 서로 다른 6개 부대에서 온 사람이어야 하고, 6개의 다른 등급의 군인으로 구성되어야 한다.

이 일이 얼핏 보기에는 간단한 것 같지만 검열 부대의 훈련을 맡은 장군은 아무리 애를 써도 이 대열을 배열할 수 없어 프리드리히 대제의 요구는 실현되지 못하였다.

이후 문제는 스위스 수학자 레온하르트 오일러(Leonhard Euler, 1707~1783)에게 넘겨졌다. 오일러는 수학사에서 가장 위대한 수학자 중의 한 분이다. 그의 연구 영역은 수학의 모든 분야에 뻗쳤고 곤혹스런 문제를 연구하고 해결하는 데 정평이 있었다. 그러나 오일러도 곤경에 빠지고 말았다.

많은 수학자들이 고심한 끝에 〈36명 군인 문제〉는 해결할 수 없는 문제라는 것이 밝혀졌다.

〈36명 군인 문제〉는 조합 수학에서 유명한 문제이다. 이런 행렬을 지금은 라틴방진이라고 부른다. 36명 군인 문제는 곧 6계의 라틴방진을 만드는 것이다. 2계와 6계는 증명하지 못했지만 3계, 4계, 5계, 7계의 라틴방진은 증명되었다. 다음의 그림이 바로 5계 라틴방진이다. 라틴방진은 실험 설계에 매우 쓸모 있게 활용되고 있다.

오일러보다 앞선 수학자 - 최석정(崔錫鼎, 1646~1715)

직교 라틴방진이란 라틴방진 가운데 서로 쌍를 이뤘을 때 그레코-라틴방진을 만들 수 있는 경우를 말한다. 이것은 스위스의 천재 수학자 레온하르트 오일러가 라틴방진을 응용, 발전시킨 것으로 〈그레코-라틴 방진〉 또는 〈오일러 방진〉이라고도 부른다.

그런데 조선 후기의 문신으로 영의정을 지낸 바 있는 최석정은 조선시대 최고의 수학서인 〈구수략(九數略)〉을 저술했는데, 이 책에 기록된 9차 직교 라틴방진은 2007년 Chapman & Hall/CRC에서 출판된 〈Handbook of Combinatorial Designs(조합론 디자인 편람)〉에 수록되면서 오일러보다 적어도 60년 이상을 앞선 기록인 것으로 밝혀졌다.

구수략에는 3차에서부터 10차까지의 방진이 서술되어 있는데, 특히 자신이 고안한 방진인 〈지수귀문도(地數龜文圖)〉는 최석정의 탁월한 수학적 직관력과 수학 이론의 독창성을 잘 나타내고 있다.

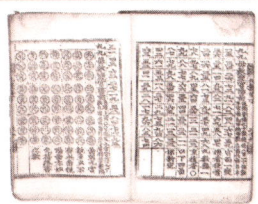 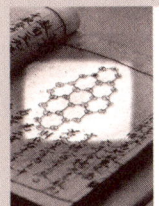

구수략 - 9차 직교 라틴방진 　　　지수귀문도

26
왜 수학에 〈변수〉를 도입하였는가

　수학은 자연 과학과 마찬가지로 인류의 수요로부터 만들어졌다. 16세기 전의 자연 과학은 정지한 안정 상태의 문제를 고려했다. 이것은 문제가 비교적 간단해서 초등 수학 정도의 지식을 응용하면 해결할 수 있었다. 예를 들면 운동의 속도 문제에서 16세기 전에는 등속 운동을 연구하였는데, 이때 속도는 〈거리=속도×시간〉을 사용해서 간단히 구했다.

　16세기 후반기부터 유럽에는 자본주의의 발전과 더불어 자연 과학이 급속도로 발전하면서 수학의 지식도 고급화하기 시작했다. 예를 들면 가속 운동을 설명하기 위하여 원의 면적과 둘레의 정확한 수치를 구해야만 했다.

　고대에 포물선, 타원, 쌍곡선 등 원추 곡선을 광범위하게 연구했지만, 새로운 관점으로 다시 연구해야 했다. 고대 사람들은 그것을 움직이지 않는 도형으로 생각했으나, 포물선은 물체를 사선으로 던졌을 때 운동하는 궤적으로, 타원은 행성이 태양 주위를 돌면서 운동하는 궤도로 보아야 했다. 이것은 모두 물체의 운동 변화를 반영하였다.

　자연 과학은 운동과 변화의 관점으로 연구해야 했다. 그렇지 않고는 새로운 문제들을 해결할 방법이 없었다. 그래서 이전의 수학 지식에서 한 걸음 나아간 새로운 수학 개념과 방법이 출현해야 했다. 변수가 바로 이런 상황에 맞추기 위해 도입한 개념이다.

르네 데카르트

1637년 프랑스의 철학자이자 수학자인 르네 데카르트(René Descartes, 1596~1650)가 변수의 개념을 도입하여 기호 x와 y로 표시했다. 변수가 있게 되니 그림 에서처럼 직각 좌표계에 놓인 타원을 방정식

프리드리히 엥겔스

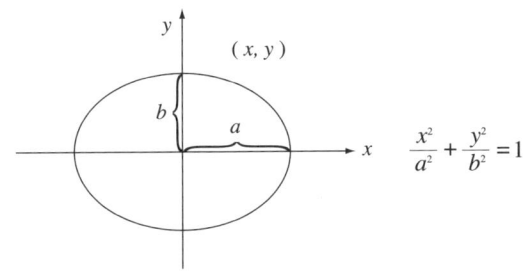

$$\frac{x^2}{a^2} + \frac{y^2}{b^2} = 1$$

으로 표시할 수 있게 되었다. 물론 방정식은 타원의 성질을 반영했다.

변수의 의미에 대해 프리드리히 엥겔스(Friedrich Engels, 1820~1895)는 다음과 같이 말하였다. 〈수학에서의 전환점은 데카르트의 변수이다. 변수가 있음으로 운동이 수학에 들어왔고, 변증법이 수학에 들어왔으며, 미분과 적분도 필요한 것이 되었다.〉

2장. 수학여행 — 기묘한 도형의 세계로

27
〈만세불갈〉이란 무엇을 의미하는가

공손룡

중국 전국 시대 조(趙)나라의 사상가 공손룡(公孫龍, BC 320?~BC 250?)이 다음과 같은 문제 하나를 내었다. 〈日取其半(일취기반)이면 万世不竭(만세불갈)이라〉 이 말은 〈한 자의 막대기를 매일 절반 잘라 가져가면 만 년이 지나도 없어지지 않는다〉라는 뜻이다.

이 말은 무슨 뜻인가?

한 자의 막대기를 첫날에 그 절반을 잘라 가져가면 남은 것은 $\frac{1}{2}$자이고, 이튿날에 또 절반을 가져가면 $\frac{1}{4}$자가 남는다. 삼일째에 또 절반을 가져가면 $\frac{1}{8}$자가 남는다 … 이렇게 막대기가 매일 남는 길이를 배열하면 아래와 같은 수열이 된다.

$$\frac{1}{2}, \frac{1}{2^2}, \frac{1}{2^3}, \frac{1}{2^n}, \cdots$$

위의 수열처럼 n이 무한히 증가되면 2^n도 무한히 증가되지만 $\frac{1}{2^n}$은 반대로 무한히 작아진다. 그렇지만 n의 숫자가 아무리 커지더라도 $\frac{1}{2^n}$은 0에 가까워지기는 해도 결코 0이 될 수는 없다. 만세불갈은 이처럼 극한 개념을 포함하고 있는 것이다.

이것을 현대의 수학 기호로 쓰면

$$\lim_{n \to \infty} \frac{1}{2^n} = 0$$

아르키메데스

극한은 수학에서 중요한 개념이다.

일찍이 고대 그리스의 수학자이며 물리학자인 아르키메데스(Archimedes, BC 287?~ BC 212)는 원의 내접 정다각형의 변의 수를 증가시키면서 원주율 π를 계산하였다. 극한의 개념을 기원전에 벌써 터득하고 있었다는 좋은 예이다. 극한 개념은 미적분학 개념의 기초이다.

부력의 발견 - 유레카(Heureka, Eureka)

고대 그리스의 왕이 대장장이를 시켜 순금 왕관을 만들게 하였다. 그런데 왕관에 은이 섞여 있다는 괴소문이 돌았다.

때마침 이집트에서 유학을 하고 돌아온 아르키메데스가 왕을 알현하였다. 왕은 아르키메데스에게 왕관을 망가뜨리지 말고 이 왕관이 진짜 순금으로 된 것인지를 알아내라고 했다. 아르키메데스는 아무리 생각해도 알아낼 방도를 찾지 못하고 있었다.

아르키메데스의 아버지가 이런 아들의 모습을 보고 같이 목욕을 하면서 휴식할 것을 권했다. 아버지가 목욕통에 들어갔을 때는 목욕통에서 물이 넘치지 않았는데, 자기가 들어가자 물이 넘치는 것을 보고 아르키메데스는 갑자기 〈유레카('알겠다' 라는 그리스어)〉라고 외치며 벌거벗은 채 거리로 뛰쳐나갔다. 사람들은 모두 미친 사람으로 여겨 손가락질 했지만 아르키메데스는 문제의 해결 방법을 알아낸 것에 너무 기쁜 나머지 자신은 알아차리지 못했다.

왕에게 간 아르키메데스는 왕관을 물이 담긴 그릇에 넣었다. 그리고 같은 크기의 다른 그릇에는 왕관 무게 만큼의 순금 동전을 넣고 양쪽 그릇에서 물이 넘치는 양을 비교하였다. 양쪽 그릇에서 넘친 물의 양은 달랐다. 왕관이 순금이라면 같은 무게의 순금 동전과 중량과 부피가 같아야 하기 때문이었다.

대장장이는 왕을 속인 죄로 처벌을 받았고, 아르키메데스는 부력의 원리를 발견하게 되었다.

2장. 수학여행 — 기묘한 도형의 세계로

28
피라미드의 높이는 어떻게 측정하였을까

탈레스

피라미드와 스핑크스(사진은 쿠푸왕의 대피라미드로 카이로 남쪽 기자 지역에 있다)

피라미드는 유구한 역사를 가지고 있는 건축물로 고대 이집트 국왕들의 무덤이다. 2600여 년 전 이집트의 국왕이 피라미드의 실제 높이를 알려고 했다. 그런데 그 누구도 어떻게 측정해야 할지 몰랐다.

국왕은 탈레스(Thales, BC 624?~BC 546?)에게 이 문제를 해결하게 하였다. 탈레스는 그리스 사람이지만 당시 이집트에 유학하여 수학과 천문학을 공부하고 있었다. 탈레스는 기하학의 닮은꼴 원리를 이용하여 피라미드의 높이를 측정하고 계산해냈다. 우리가 배우고 있는 기하학(유클리드 기하학)은 탈레스가 세상을 떠난 후 오랜 세월이 지나 그리스의 수학자 유클리드(Euclid, BC 330?~BC 275?)가 완성했다.

탈레스는 피라미드의 높이를 어떻게 계산해냈겠는가? 그림 에서처럼 그의 그림자 길이가 자신의 키와 같을 때 태양 광선은 45°각으로 지면을 비추게 된다.

즉 $\angle CBA = 45°$,

그런데 $\angle ACB = 90°$

따라서 $\angle BAC = 45°$

이때 피라미드 꼭대기의 정점, 피라미드 밑의 중심점과 그 림자의 끝점으로 이루어진 삼각형은 이등변 삼각형이다.

그러므로 그 두 변 AC와 BC는 같다. 피라미드의 밑변의 길이는 탈레스가 먼저 측정해 놓은 것이었는데 그 절반이 CD의 길이이고 DB의 길이는 조수들이 측정한 것이었다. 그는 CD에 DB를 더해 피라미드의 높이를 계산해냈던 것이다.

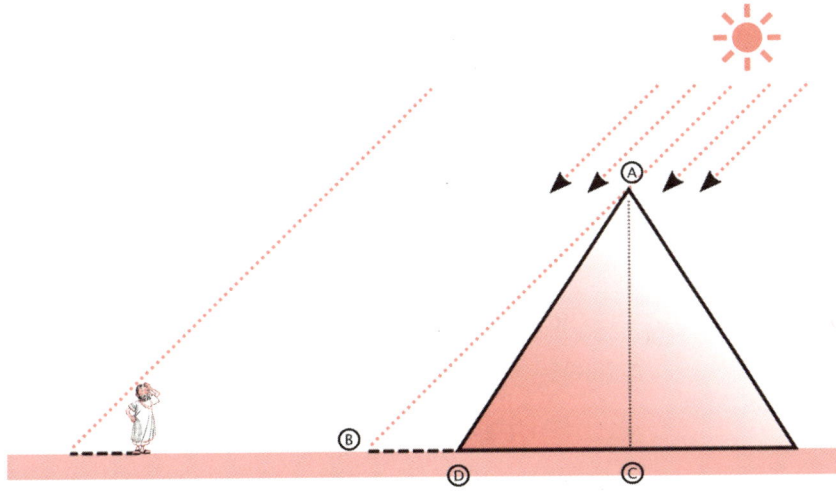

29
어떻게 나무의 그림자로 나무의 높이를 잴 수 있는가

누가 독자들에게 비교적 낮은 물체 — 예를 들면 책상, 교실의 칠판 등의 높이를 재라고 하면 금방 잴 수 있다. 하지만 나무의 높이를 재라고 하면 많은 준비와 노력을 필요로 한다.

그림 1 에서와 같이 어떤 사람이 나무의 그림자를 이용하여 나무(AB)의 높이를 측정하려고 한다. 그는 길이가 $1m$ 되는 막대기(CD)를 구해 땅에 세워놓고 그 그림자 CE의 길이가 $0.8m$라는 것을 측정하고, 나무의 그림자 AE의 길이가 $2.4m$라는 것도 측정하였다. 그 다음 간단한 계산을 통해 나무의 높이가 $3m$라는 결론을 얻어냈다.

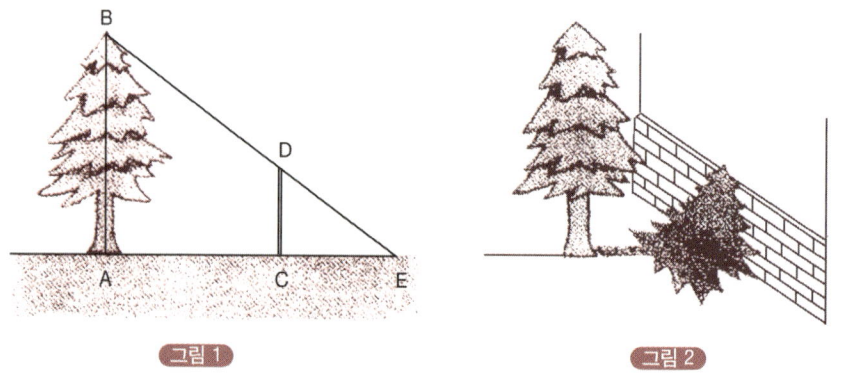

그림 1   그림 2

그 이유는 다음과 같다. $AB : AE = CD : CE$.

따라서 $AB : 2.4 = 1 : 0.8$, $AB = 2.4 \times \dfrac{1}{0.8} = 3(m)$.

이어서 그는 담장 가까이에 있는 나무의 높이를 측정하려고 했다. 이때 나무의 그림자 일부가 담장에 드리워졌다(그림 2). 그는 이 그림자의 높이가 $1.2m$라는 것을 측정하였다.

그림 3 에서 선분 AB는 나무의 높이를 표시하고, AC는 땅에 비낀 부분의 나무 그림자를 표시하며, CD는 담장에 비낀 나무 그림자를 표시하고, BD는 태양 광선을 표시한다.

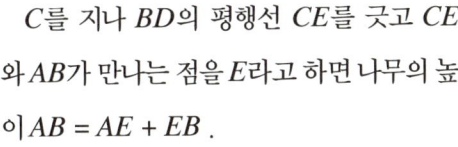

그림 3

C를 지나 BD의 평행선 CE를 긋고 CE와 AB가 만나는 점을 E라고 하면 나무의 높이 $AB = AE + EB$.

앞의 문제로부터 다음을 알 수 있다.

$AE : AC = 1 : 0.8$, $AE : 2.8 = 1 : 0.8$

$AE = 2.8 \times \dfrac{1}{0.8} = 3.5(m)$

동시에 $EB = CD = 1.2(m)$.

따라서 나무의 높이

$AB = 3.5 + 1.2 = 4.7(m)$.

30
왜 확대경은 각을 확대하지 못하는가

노인들은 신문을 보거나 책을 읽을 때 돋보기 안경을 끼거나 확대경을 사용한다. 그것은 모두 문자나 그림을 확대시키기 때문이다.

확대경은 물체를 몇 배, 몇 십 배로 확대시킬 수 있다. 일반적이지 않은 고 배율로 확대하려면 광학 현미경이나 전자 현미경을 사용해야 한다.

그러나 물체의 각도는 확대 배율을 아무리 높여도 변하지 않는다. 각은 큰 실용 가치를 가지고 있어서 기계를 측량하고 설계할 때 모두 각을 쓰게 된다. 각은 공통 끝점을 가진 두 반직선으로 이루어진다. 예를 들면 오른쪽 그림에서의 ∠AOB는 두 반직선 OA와 OB로 이루어졌다. 각의 크기란 공통 끝점을 가진 두 반직선이 벌어진 정도다. 우리가 알다시피 한 각의 크기는 도(°), 분(′), 초(″)로 표시한다.

예를 들면 참조된 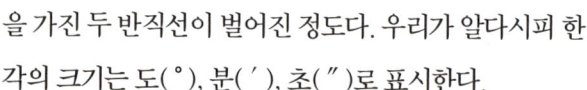에 있는 각은 10°인데 확대경 아래에 놓고 보아도 여전히 10°이다. 확대경은 화면에 있는 선이 굵어지게 하고 문자가 커지게 하지만 각이 벌어진 정도는 변화시키지 못한다.

많이 닮았군.

그것은 무엇 때문이겠는가?

첫째, 확대된 후 두 반직선의 위치는 변하지 않는다. OB는 원래 수평 위치에 놓

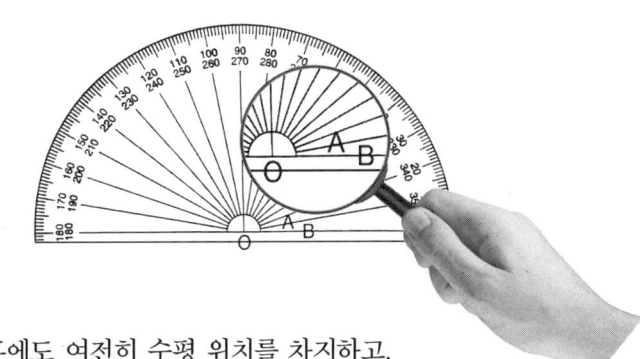

여 있었는데 확대된 후에도 여전히 수평 위치를 차지하고, OA는 원래는 경사졌는데 확대된 후에도 여전히 그만큼 경사졌다. 따라서 OA, OB가 벌어진 정도는 변하지 않는다.

둘째, 확대경은 물건의 각 부분을 일정한 비례로 확대시킬 수 있을 뿐 모양 자체는 변화시키지 못한다.

원래 도형과 그것을 확대시킨 도형을 〈닮은꼴〉이라고 부른다. 닮은꼴의 대응각은 서로 같다. 따라서 물체를 확대경으로 본 $\angle AOB$와 원래의 $\angle AOB$는 모두 크기가 같다. 즉 각은 확대되지 않았다.

가장 분명한 예는 책상이나 책의 네 귀를 어떻게 확대시켜도 여전히 직각이라는 것이다. 그러므로 임의의 각을 확대시켜도 변하지 않는다. 도형은 커질 수 있지만 각은 확대되지 않는다.

31
왜 벌집은 육각형인가

콜린 매클로린

벌집을 자세히 관찰해 본 독자들은 정말 감탄을 할 것이다. 벌집의 구조는 정말로 대자연의 기적이라 할 수 있다. 벌집은 크기가 같은 많은 둥지로 이루어졌는데 그 둥지들은 정면으로 보면 가지런하게 배열된 육각형이고 측면으로 보면 빽빽하게 배열된 정육각 기둥이다. 더욱 감탄케 하는 것은 그 정육각 기둥의 밑면은 세 개의 완전히 같은 마름모로 이루어진 뾰족한 밑면으로 평평하지도 않고 동그랗지도 않다는 것이다.

벌집의 이와 같은 신기한 육각형 구조는 일찍부터 사람들의 주의를 불러일으켰다. 왜 벌들은 둥지를 삼각형, 정사각형이나 오각형으로 만들지 않고 육각형으로 만들겠는가?

원기둥 모양으로 된 물체는 앞뒤 좌우로 압력을 받을 때 그 단면이 육각형으로 변한다. 그러므로 역학적 입장에서 볼 때

육각형은 제일 안정적이다.

18세기 초에 프랑스의 학자가 벌집의 각을 측정해 보았는데 마름모의 둔각은 109°28′이고 예각은 70°32′이라는 재미있는 규칙을 발견했다(그림).

이 현상은 다음과 같은 아이디어를 주었다. 〈이런 특별한 모양으로 둥지를 틀면 재료가 제일 적게 들고 용적이 제일 크게 되지 않을까?〉 이러한 추측은 옳은 것으로 확인되었지만 약간의 차이가 났다. 각도는 109°26′과 70°34′으로 벌집의 측정치와 2′ 차이가 난 것이다. 1743년에 영국의 수학자 콜린 매클로린(Colin Maclaurin, 1698~1746)이 다시 계산해 보았더니 벌집의 실제 각도와 똑같았다. 프랑스의 학자가 사용한 로그표에 숫자가 틀리게 인쇄되어 있었던 것이다.

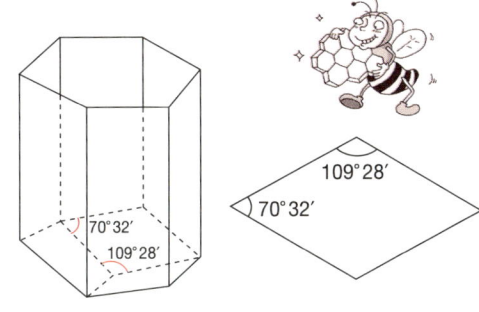

벌집 구조에 대한 몇 세기의 연구를 거쳐 사람들은 이런 구조가 튼튼하면서도 재료와 공간을 제일 효과적으로 이용한다는 것을 발견해내고 그것을 많은 곳에 이용하였다.

벌집 구조는 건축, 항공, 전자, 예술 등에 널리 응용되고 있다. 건축에서 방음, 방열의 〈벌집식 겹층〉 구조, 항공에서 엔진 흡입구 설계, 컴퓨터 냉각팬 환기구에 이르기까지 벌집 구조는 폭넓게 적용되고 있다.

32
왜 타일은 대부분 정사각형이나 정육각형인가

타일은 무늬와 색깔은 다양하지만 모양은 대부분 정사각형 아니면 정육각형이다. 이것은 무엇 때문이겠는가?

정다각형 가운데서 오직 세 가지만이 중간에 틈이 없이 평면에 빼곡하게 깔 수 있는데 그것들은 정삼각형, 정사각형, 정육각형이다. 정삼각형은 한 각이 60°이고 여섯 개의 정삼각형을 맞붙여 놓았을 때 여섯 각의 합이 360°이기 때문이며, 정사각형은 한 각이 90°이고 네 개의 정사각형을 맞붙여 놓았을 때 네 각의 합이 360°이기 때문이며, 정육각형은 한 각이 120°이고 세 개의 정육각형을 맞붙여 놓았을 때 세 각의 합이 360°이기 때문이다(그림).

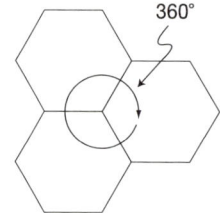
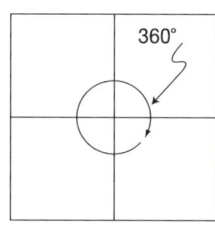
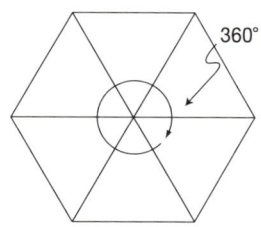

만일 다른 정다각형을 쓰면 이 요구에 도달할 수 없다. 예를 들면 정오각형은 한 각이 108°이다. 정오각형 세 개를 맞붙여 놓았을 때 세 각의 합은 108°×3 = 324°이다. 이것은 360°보다 작기 때문에 중간에 틈이 생긴다. 그런데 이 틈에 네 번째 정오각형을 놓을 수는 없다. 그것은 108°×4 = 432°〉360°이기 때문이다.

육각형 타일

정삼각형 여섯 개를 맞붙여 놓으면 중간에 틈은 생기지 않지만 그것은 정사각형과 정육각형을 사용했을 때보다 간격이 매끄럽지 않아 보기에 좋지 않게 된다. 그러므로 조형적인 설계를 할 때에는 보통 정사각형과 정육각형 모양의 타일을 많이 쓰게 된다.

33
오각별을 어떻게 그리겠는가

오각별은 우리가 아주 익숙히 알고 있는 도형이다. 독자들은 오각별을 정확히 그릴 수 있는가?

그러면 한 가지 정확한 작도 방법(그림 1)을 소개하기로 한다.

1. 원을 하나 그리고 그 원의 중심을 O라고 한다.
2. 서로 수직되는 두 직경 AZ와 XY를 긋는다.
3. OY의 중점 M을 취한다.
4. M을 중심으로 하고 MA를 반지름으로 하는 호 AN을 그리고 AN과 OX가 만나는 점을 N이라고 한다.
5. $AB = BC = CD = DE = AN$이 되게 한다.
6. A와 D, A와 C, E와 B, E와 C, B와 D를 이으면 오각별이 그려진다.

이 방법을 증명해 보자. 원의 반지름을 R이라고 하면 다음을 알 수 있다.

$$AN^2 = AO^2 + ON^2$$
$$= AO^2 + (AM - OM)^2$$

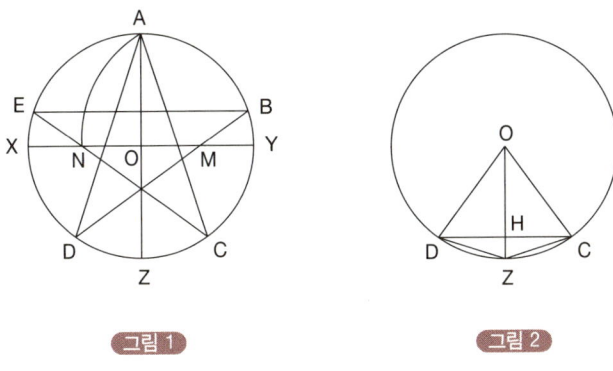

그림 1   그림 2

따라서 $AN = \sqrt{R^2 + \left[\dfrac{\sqrt{5}}{2}R - \dfrac{1}{2}R\right]^2}$

$\qquad\qquad = \dfrac{1}{2}\sqrt{10 - 2\sqrt{5}}\,R$

우리가 오각별을 정확히 그렸다면 5개의 정점을 맺어서 얻은 것이 원의 내접 정오각형이어야 한다. 즉 AN의 길이가 반지름이 R인 원의 내접 정오각형의 변과 같아야 한다.

원의 내접 정십각형의 변의 길이는 다음과 같다.

$a_{10} = \dfrac{1}{2}(\sqrt{5} - 1)R$

그렇다면 원의 내접 정오각형의 변의 길이를 계산해 보자 (그림 2). $DZ = ZC = a_{10}$을 반지름이 R인 원의 내접 정십각형의 두 변이라고 하면, $DC = a_5$는 원의 내접 정오각형의 한 변이다.

2장. 수학여행 — 기묘한 도형의 세계로

따라서 이등변 삼각형 ODZ의 면적은

$$S_{\triangle ODZ} = \frac{1}{8}\sqrt{10-2\sqrt{5}}\, R^2$$

또 $\quad S_{\triangle ODZ} = \frac{1}{2} DH \cdot OZ$

$$DH = 2S_{\triangle ODZ} \div R = \frac{1}{4}\sqrt{10-2\sqrt{5}}\, R$$

따라서 $\quad a_5 = 2DH = \frac{1}{2}\sqrt{10-2\sqrt{5}}\, R$

그러므로 우리가 앞에서 그린 오각별의 작도 방법은 완전히 정확한 것이다.

원의 모든 내접 정다각형을 컴퍼스와 자로 그릴 수 있는 것은 아니다. 정삼각형, 정오각형, 정십오각형들로부터 얻어내는 변의 개수가 2^n, $2^n \times 3$, $2^n \times 5$, $2^n \times 15$ (n은 자연수)인 정다각형의 작도는 2000여 년 전의 유클리드(Euclid, BC 330?~BC 275?) 시대에 이미 알고 있었다. 그리고 1796년에 이르러 독일의 수학자 카를 프리드리히 가우스(Karl Friedrich Gauss, 1777~1855)가 정십칠각형을 그려내고, 정n각형은 $n = 2^m p_1 p_2 \cdots p_v$일 때 컴퍼스와 자로 그릴 수 있다고 단언했다. 여기서 $p_1, p_2, \cdots, p_v$는 각각 $2^{2^k}+1$과 같은 형태의 서로 다른 소수이고 m은 임의의 자연수이거나 0이다. 이것의 충분성과 필요성도 증명되었다.

34
직각자를 쓰지 않고 직각을 그려 볼까

직사각형 모양의 종이가 있는데 한 쌍의 맞은변은 평행하지만 다른 한 쌍은 울퉁불퉁하다. 여기에 직각자가 없이 직각을 정확히 그릴 수 있겠는가?

그림1 에서와 같이 눈금이 새겨져 있는 자로 AB변에서 30 cm 떨어져 있는 두 점 E와 F를 취한 다음 E점과 F점을 중심으로 하고 50cm와 40cm를 반지름으로 하여 호를 그린다. 그리고 두 호가 만나는 점을 G라 하고 F와 G를 이으면 ∠EFG = 90°이다.

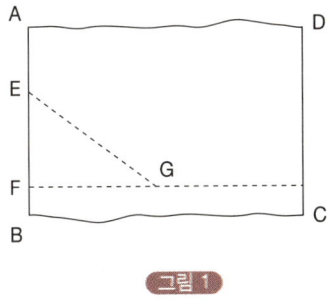

그림1

왜 ∠EFG가 직각이라고 말하는가? △EFG 세 변의 비가 EF : FG : EG = 3 : 4 : 5이기에 △EFG는 짧은 변이 3이고 긴 변이 4이며 빗변이 5인 직각 삼각형과 닮은꼴이다. 따라서 △EFG도 직각 삼각형이며 ∠EFG는 직각이다.

그렇다면 눈금이 새겨져 있는 자가 없을 때 직각을 그리려면 어떻게 해야 하는가?

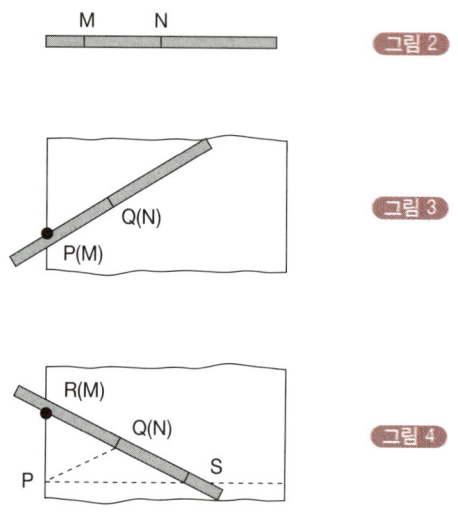

그림 2

그림 3

그림 4

그림 2 처럼 비교적 곧은 나무막대기 위에 두 점 M과 N을 표시한다. 다음 나무막대기를 종이에 비스듬히 놓아 M점이 종이의 변에 가 닿게 한다. 그리고 M과 N에 두 점 P와 Q를 표시해 놓는다(**그림 3**). 이어 N을 중심으로 하고(**그림 4**) 시계 바늘이 도는 방향으로 나무막대기를 돌려 M이 종이의 변에 가 닿게 한다. 그리고 M의 위치에 R을 표시해 놓는다. 다

음 RQ를 연장하고 $QS = MN$이 되게 점을 표시하고 P와 S를 연결하면 $\angle RPS = 90°$이다.

$\angle RPS$가 직각이라는 것을 증명하기 위해 P와 Q를 맺는다. $RQ = PQ = QS$이므로 $\triangle RQP$와 $\triangle SQP$는 이등변 삼각형이다. 따라서

$\angle RPS = \angle RPQ + \angle QPS$
$= \angle PRQ + \angle QSP$

$\angle RPS, \angle PRS, \angle RSP$가 $\triangle RPS$의 세 내각이기에 합은 $180°$이다. 그러므로 $\angle RPS = 90°$이다.

고대 이집트의 직각 그리기

고대 이집트에서는 피라미드 같은 건축술이 발달했다. 그러나 그 바탕에는 발달된 수학이 있었다. 피라미드 같은 경우는 수학적인 의미에서도 불가사의할 정도로 정확한 계산에 따르고 있다. 고대 그리스의 유명한 수학자인 아르키메데스도 이집트에 유학을 와서 수학을 배워갔다고 전해질 정도이다.

고대 이집트인들은 직각의 개념을 정확하게 알고 있었다. 그렇기 때문에 자가 없이도 직각을 만들어 내었다. 그림과 같은 방법으로.

똑같은 길이의 끈을 12개 준비한 다음 그림처럼 3개, 4개, 5개의 줄을 팽팽하게 연결한다. 그러면 놀랍게도 정확한 직각삼각형이 만들어진다. 고대 이집트인들은 길이의 비가 3 : 4 : 5인 직각삼각형의 원리를 정확하게 알고 있었던 것이다.

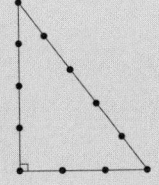

35
길을 어떻게 닦으면 비용이 제일 적게 들겠는가

대형 공장이 두 개 있는데 그 위치는 그림 에 표시한 바와 같이 각각 A, B 두 곳에 있다. 두 공장에서 생산한 제품은 먼저 한 강가(그림 에서 직선 XY로 표시하였다)에 간 다음 배로 운반해야 한다. 강가에 부두를 놓고 두 공장으로부터 부두에 통하는 길을 두 갈래 닦으려 한다. 부두를 어느 곳에 건설해야 비용이 제일 적게 들겠는가?

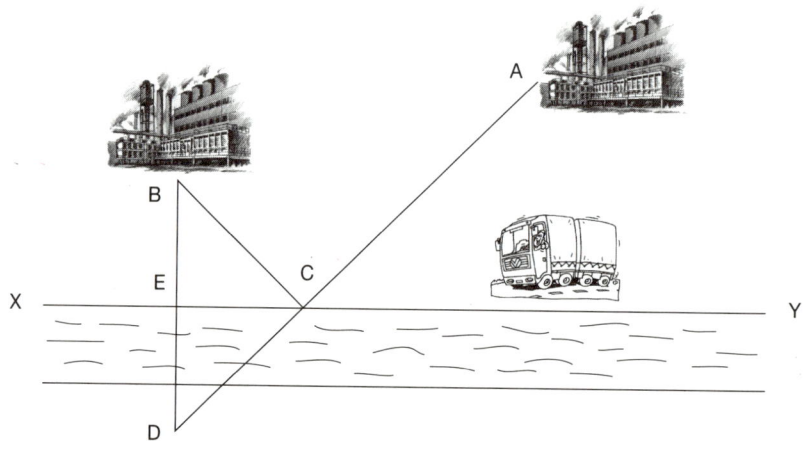

길을 닦는 데 드는 비용은 길의 길이와 직접 관계되기에 비용이 제일 적게 들려면 길의 총길이를 제일 짧게 해야 한다. 그러므로 이 문제를 수학 문제로 전화시키면 다음과 같다. 직선 XY 위에서 한 점 C를 취하되 $AC + BC$가 제일 짧게 하여라.

먼저 B에서 직선 XY에 수직선을 긋고 수직선의 밑점을 E라고 한다. 수직선을 D까지 연장하되 DE의 길이가 BE의 길이와 같게 한다. A와 D를 이으면 AD와 XY의 교점이 구하려는 C점이다.

아래에 $AC + BC$가 제일 짧다는 것을 증명해 보자. 점 B와 점 D는 XY에 관한 대칭점이기에 점 B에서 XY의 임의의 한 점까지 길이는 D에서 그 점까지의 길이와 같다. 이것은 따라서 점 A에서 XY에 이르고 다시 점 B에 이르는 길이로 전환된다. AD는 A에서 XY에 이른 다음 D에 이르는 제일 짧은 거리가 된다. 즉 $AC + BC = AD$는 점 A에서 XY에 이른 다음 점 B에 이르는 제일 짧은 거리이다.

실제 문제를 놓고 말할 때 수학적 의미를 찾아낼 수 있다면 수학 지식을 이용하여 그 문제를 해결할 수 있다.

36
컴퍼스만 이용하여 원의 중심을 찾을 수 있는가

컴퍼스를 사용하면 직선자를 쓰는 것보다 편리하고 정확하게 그림을 그릴 수 있다. 컴퍼스만 써서 원의 중심을 찾는 문제는 유명하다. 그 작도 방법은 다음과 같다(그림).

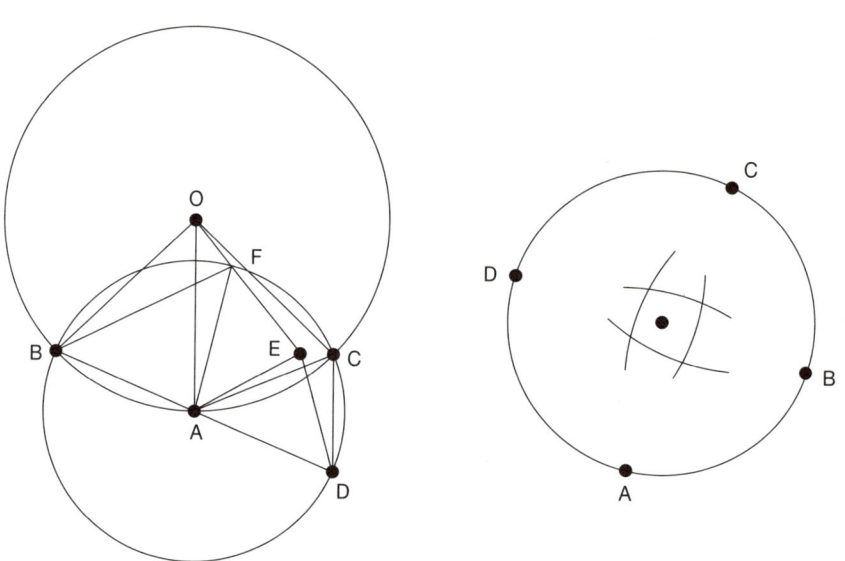

원에서 한 점 A를 선택하고, A를 중심으로 하는 원 A를 그리고 원 A가 주어진 원과 만나는 점을 B, C라고 한다. B점에서 출발하고 AB를 반지름으로 하여 원 A에서 연이어 세 번 같은 호를 취하여 점 D를 얻는다. 다음 A, D를 원의 중심으로 하고 CD를 반지름으로 하여 호를 긋고 두 호가 만나는 점을 E라고 한다. 이어서 E를 중심으로 하고 EA를 반지름으로 하여 호를 긋고 그 호가 원 A와 만나는 점을 F라고 한다. A, B를 중심으로 하고 FB를 반지름으로 하여 호를 그으면 두 호가 만나는 교점 O가 구하려는 원의 중심이다.

왜 이렇게 얻은 점이 원의 중심이겠는가? 직선 위에 있지 않은 세 점을 지나는 원이 하나뿐이고 A, B, C가 주어진 원 위에 있으면 한 직선 위에 있지 않는 세 점이다. 따라서 점 O가 원의 중심이라는 것을 증명하려면 $OA = OB = OC$라는 것만 증명하면 된다.

그런데 $OB = OA$이기에 $OB = OC$(또는 $OA = OC$)만 증명하면 된다.

$AD = AF, AE = DE = EF,$

∴ $\triangle AED \cong \triangle AEF$, $\angle EAD = EAF$.

D, A, B 세 점이 한 직선 위에 놓인다는 것을 쉽게 증명할 수 있다.

∴ $\angle DAF = \angle AFB + \angle ABF$, $\angle EAD = \angle AFB$, $\angle EDA = \angle ABF$.

∴ $\triangle EAD \sim \triangle AFB, AD : BF = EA : AF$.

또 $BF = OB, EA = DC, AF = AB,$

$\therefore AD : OB = DC : AB$, $\triangle ADC \backsim \triangle OAB$, $\angle ADC = \angle OAB$.

$\therefore DC /\!/ AO.$

$\angle OAC = \angle ACD = \angle ADC = \angle OAB,$

그런데

$\angle OAB = \angle OAC, AB = AC,$

$\therefore \triangle OAB \cong \triangle OAC, OB = OC.$

이렇게 결과가 증명되었다.

직각자로 원의 중심 찾기

직각자가 있을 경우에는 더욱 쉽게 원의 중심을 찾을 수 있다. 그림처럼 직각자의 좁은 변을 원의 임의의 곳에 맞춰 A점과 B점을 얻고 선으로 잇는다. 다음에는 직각자를 다른 임의의 곳으로 이동시켜 앞선 방법처럼 C점과 D점을 얻고 선을 잇는다. AB선과 CD선이 교차되는 점이 바로 원의 중심이다.

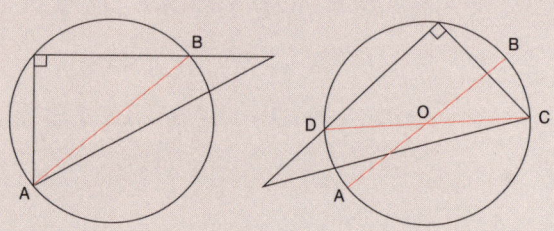

37
경사진 직사각형 물통의 표면은 몇 가지 도형을 만드는가

직사각형 용기에 색깔이 있는 물을 넣고(관찰에 편리하도록) 용기 밑면의 한 변을 고정시킨 다음 물이 용기에서 흘러나오지 않을 정도로 천천히 경사지게 움직여라. 용기의 경사도가 변함에 따라 물의 표면의 모양과 크기도 달라진다는 것을 발견하게 될 것이다. 자세한 관찰을 통해 이런 도형의 모양과 크기 사이에 존재하는 법칙을 찾아낼 수 있는가?

우선 용기가 책상 위에 똑바로 놓여 있다고 하자. 용기 밑면(직사각형)을 $ABCD$라고 하면 그림 1 에 표시한 것과 같다. 이때 물의 앞 측면 $BCFE$는 직사각형이고 물의 모양은 $BCFE$를 밑면으로 하고 CD를 높이로 하는 직사각형으로 볼 수 있다. 따라서 물의 부피는 $BCFE$의 면적에 CD를 곱한 값과 같다.

이어 용기 밑면 $ABCD$의 변 CD를 고정시키고 용기를 그림 2 에서 표시한 위치대로 천천히 기울인다. 이때 물의 앞 측면 $BCFE$는 사다리꼴이다.

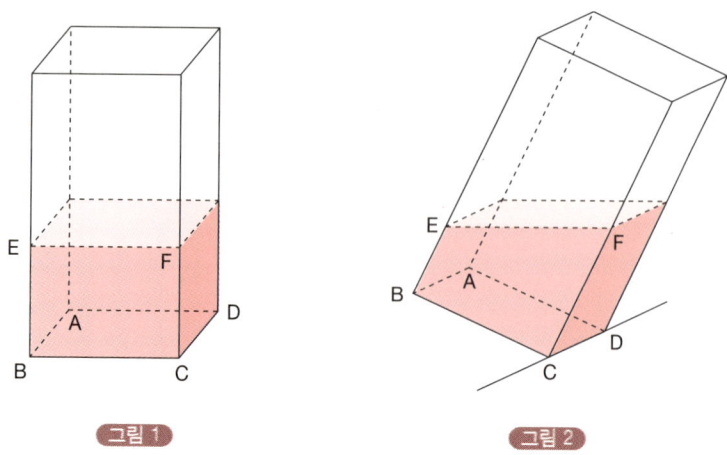

그림 1   그림 2

사다리꼴의 아래 위 밑변을 $BE = a$, $CF = b$라고 하면 $a+b$는 하나의 정해진 값이다. 그리고 어떻게 기울이든지 물의 앞 측면이 사다리꼴이기만 하면 $a+b$는 고정 불변이다. 동시에 좌측의 a가 감소할 때 우측의 b는 증가한다. 이것은 무엇 때문일까?

물의 모양은 사다리꼴 $BCFE$를 밑면으로 하고 CD를 높이로 하는 사각기둥으로 볼 수 있다. 따라서 물의 부피는 $BCFE$의 면적에 CD를 곱한 값과 같다. 그러나 물의 부피와 CD의 길이가 변하지 않으므로 앞 측면 사다리꼴의 면적은 변하지 않고 여전히 그림 1 의 앞 측면 직사각형의 면적과 같다.

우리는 사다리꼴의 면적은 아래 위 면의 합과 높이를 곱하여 얻은 값의 절반과 같다는 것을 알고 있다. 여기서 사다리꼴 $BCFE$의 높이 BC가 일정하므로 아래 위 면의 합 $a+b$도 변하지 않는다.

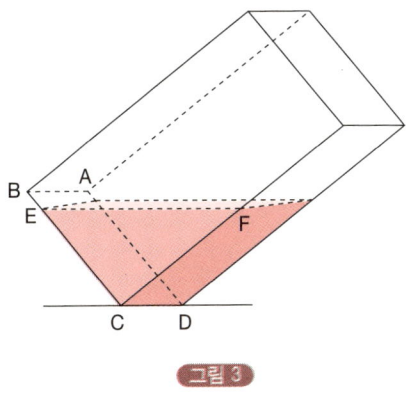

그림 3

계속 용기를 기울여 그림 3 의 위치에 놓이게 하자. 이때 물의 앞 측면은 삼각형 ECF이고 물의 모양은 삼각형 ECF를 밑면으로 하고 CD를 높이로 하는 삼각기둥으로 볼 수 있다. 물의 부피와 CD가 변하지 않으므로 물의 앞 측면의 면적도 변하지 않고 그림 1 의 직사각형 $BCFE$ 및 그림 2 의 사다리꼴 $BCFE$의 면적과 같다. 여기서 $CE = c$, $CF = b$라고 하면 CF의 면적 $= \frac{1}{2} \times b \times c$는 고정되었으므로 $b \times c$가 일정해야 한다.

이제 용기를 그림 1 의 위치에서 그림 2, 그림 3 의 위치로 기울일 때 물의 모양은 직육면체에서 삼각기둥으로 변하고 물의 앞(뒤)측면 모양은 직사각형에서 삼각형으로 변하며 물의 표면 ─ 직사각형(위에서 아래로 볼 때)의 면적은 커진다는 것, 하지만 물의 부피와 물의 앞(뒤)측면의 면적은 변하지 않는다는 것을 알 수 있다.

38
왜 캔음료, 보온병 등은 모두 원기둥인가

캔음료, 보온병은 액체를 담는 용기이다. 액체를 담는 용기가 대부분 원기둥이라는 것을 주의해 보았는가? 여기에는 수학적 이유가 있지 않을까? 그렇다, 확실히 있다.

우리는 한 가지 용기를 생산할 때 절약되는 재료로 만들고, 같은 재료로써 만들어진 용기의 용적이 제일 클 것을 원한다.

우리는 평면 기하에서 원의 면적과 일부 정다각형의 면적 또는 둘레의 길이를 계산하는 방법을 배웠다. 예를 들면 면적이 $100 cm^2$인 정사각형의 둘레의 길이는 $40 cm$, 같은 면적의 정삼각형의 둘레의 길이는 약 $45.6 cm$, 또 같은 면적의 원의 둘레의 길이는 $35.4 cm$밖에 안 된다.

이것은 면적이 같을 때 원, 정사각형과 정삼각형에서 정삼각형의 둘레의 길이가 제일 길고 정사각형의 둘레의 길이가 좀 작으며, 원의 둘레의 길이가 제일 작다는 것을 말한다. 그러므로 같은 부피의 액체를 담을 수 있는 용기 가운데 용기의 높이가 같다면 측면에 드는 재료는 원기둥 형태의 용기가 제일 절약된다. 따라서 캔음료, 보온병 등 액체를 담는 용기는 대개가 원기둥이다.

원기둥보다 재료를 더 절약할 수 있는 모양은 없을까? 수학적 원리에 근거하면, 같은 재료로 만든 용기 가운데 구형 용기의 용적이 원기둥보다 크다. 말하자면 구형 용기를 만든다면 재료를 더욱 절약할 수 있다. 하지만 구형 용기는 쉽게 굴러서 한자리에 놓아둘 수 없고, 마개를 만들기도 어렵기 때문에 실용적이지 못하다.

고체를 넣어두는 용기, 예를 들면 통, 상자 등은 왜 원기둥형으로 만들지 않는가? 원기둥형 용기로 만들면 재료는 절약할 수 있지만, 고체 물건을 넣어두기엔 경제적이 아니어서 보통 직육면체로 만든다.

맨홀 뚜껑이 둥근 이유는?

원의 가장 긴 곳은 중심을 지나는 지름이다. 그렇기 때문에 원은 어떠한 경우라도 지름을 초과하는 길이가 없다. 따라서 맨홀 뚜껑은 세워져 있더라도 절대 맨홀 아래로 빠지지 않는다. 그러나 사각형은 가로나 세로의 길이가 대각선보다 짧기 때문에 쉽게 맨홀로 빠지고 만다. 오각형, 육각형의 경우도 사각형과 마찬가지다.

다른 이유는 맨홀 뚜껑은 온도의 변화에 따라 수축과 팽창을 한다. 각이 있는 경우는 수축과 팽창이 고르지 않아 잘 맞지 않게 된다. 그러나 원형은 전체적으로 고르게 수축, 팽창하기 때문에 걱정할 필요가 없다.

39
바깥 레인의 출발선은 왜 안쪽 레인보다 앞에 있는가

200 m 달리기 종목이 있다. 육상 레인에는 보통 반원형의 굽은 지점이 있는데, 바깥 레인에서 달리는 사람은 안쪽에서 달리는 사람보다 훨씬 앞에서 출발한다.

왜 이렇게 하는가? 이런 출발점은 또 어떻게 결정하는가?

원의 둘레와 원의 지름의 비는 일정한데 이 값을 원주율(π)이라고 하고 근사값은 3.14이다. 따라서 원의 둘레는 원지름의 3.14배, 즉 그 원 반지름의 6.28배이다. 반지름이 1 m 늘어나면 원 둘레는 6.28 m 늘어난다.

보통 레인의 너비가 1.2 m이므로 서로 인접한 레인의 반지름은 1.2 m 차이가 있다. 따라서 바깥 레인에서 한 바퀴 달린 거리는 안쪽보다 7.54 m 길다. 그러므로 원형 레인의 반지름이 얼마나 크든지 서로 인접한 두 레인의 반지름은 1.2 m 차이가 있고 이 두 레인은 7.54 m 차이가 있게 된다.

보통 표준 운동장(안쪽 레인이 $400\,m$)에서 $200\,m$ 달리기를 한다면 결승선이 같은 직선 위에 놓이게 한다. 먼저 커브(약 $114\,m$)를 따라 달리고 다음에 직선 주로(약 $86\,m$)에 들어가도록 한다.

200m 출발점

커브에서 제일 안쪽 레인의 반지름은 $36\,m$인데 실제로 달리는 사람은 이것과 약 $0.3\,m$ 떨어진 곳에서 달리므로 실제로 커브의 길이는 $36.3\,m \times 3.14$ 즉 $114\,m$ 가량이다.

바깥 레인에서 달리는 사람은 안쪽 레인에서 달리는 사람보다 1.2×3.14 즉 $3.77\,m$ 가량 앞에 있어야 할 것이다.

평행인 여섯 갈래 레인이 있다면 6개 출발점이 계단 모양을 이루는데, 제일 바깥 레인을 달리는 사람은 제일 안쪽 레인을 달리는 사람보다 약 $18.85\,m$ 남짓이 앞에 있어야 한다. 이러면 여섯 사람의 달리기 결승점이 같게 될 수 있다.

이 이치를 알면 운동장을 설계할 때 제일 안쪽 레인의 총 길이 $200\,m$만 재고 출발점을 확정한 다음 여섯 레인을 하나하나 잴 필요 없이 바깥 레인의 출발점을 앞으로 몇 m씩 옮겨 놓기만 하면 된다.

40
강철구가 어떻게 떨어지면 제일 빠른가

갈릴레오 갈릴레이

자코브 베르누이

한 금속구가 경사진 금속홈을 따라 가장 짧은 시간에 A점에서 B점까지 굴러내려오게 한다. 이 금속홈을 어떤 모양으로 만들어야 하는가?

이 문제는 얼핏 보기엔 조금도 어렵지 않은 것 같다. 두 점 사이의 거리를 말하면 직선이 제일 짧으므로 금속홈은 곧게 만들어야 할 것 같다. 그러나 이 문제는 가장 짧은 노선을 구하는 게 아니라, 제일 짧은 시간을 구할 것을 요구한다.

그림 1 처럼 여기서 구가 굴러 내리는 데 걸리는 시간은 길이가 길고 짧음과 관계될 뿐만 아니라, 굴러 내리는 속도와도 관계된다. 금속홈의 중간 부분을 아래로 구부려서 가파르게 하면 속도는 곧은 홈에서 얻는 속도보다 크다. 그러나 홈의 상반부를 너무 가파르게 하면 B와 이어지는 부분이 순탄하게 된다. 따라서 앞부분에서는 구가 빠르게 굴러내려 오지만 뒷부분에 와서는 느려져서 걸리는 시간이 제

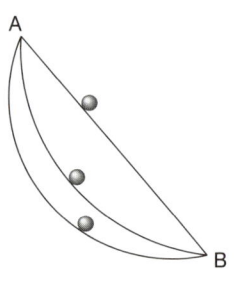

그림 1

일 짧지가 않다.

그러면 과연 홈을 어떤 모양으로 만들어야 하는가? 이탈리아의 물리학자, 천문학자, 수학자인 갈릴레오 갈릴레이(Galileo Galilei, 1564~1642)는 홈을 원호형으로 만들어야 한다고 주장하였다. 하지만 50년 후인 1700년 전후에 스위스의 수학자 자코브 베르누이(Jakob Bernoulli, 1654~1705)가 정밀한 계산을 거쳐 원호형으로 할 것이 아니라 사이클로이드의 호로 그려야 한다는 것을 증명하였다.

사이클로이드 곡선(그림 2)이란 어떤 곡선인가? 한 원이 직선 위에서 구를 때 원주 위의 한 점이 그려내는 도형이다. 이것이 후에 변분법으로 발전하였다.

그림 2

사이클로이드(Cycloid)의 사례

- 독수리, 매 등 맹금류가 쥐, 토끼 등을 사냥하기 위해 공중에서 땅으로 하강할 때, 직선이 아닌 사이클로이드와 유사한 곡선으로 하강을 한다. 이는 사이클로이드 곡선이 하강 속도가 더 빠르다는 것을 알고 있는 것이다. 또한 먹이를 낚아챈 후 다시 상승하기 위해서도 곡선 주행이 더 유리하다는 것을 알고 있는 것이다.
- 우리나라의 전통 기와는 곡선을 하고 있다. 그 이유는 빗물이 기와 위에 머무는 시간을 가능한 줄임으로써 빗물이 빨리 흘러가게 하고, 빗물이 새는 것을 방지함으로써 건물의 부식을 막기 위함이다.

41
꽃밭의 면적이 마당의 절반을 차지하려면 어떻게 설계해야 하는가

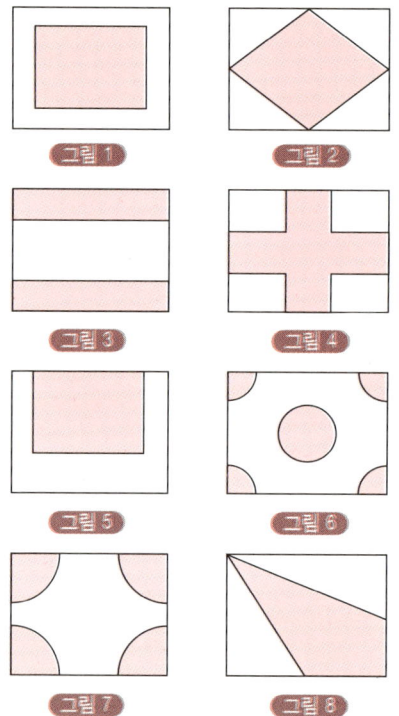

공원에 여러 가지 모양의 꽃밭을 만들고 각양각색의 꽃을 심어 놓으면 환경을 아름답게 할 수 있다.

몇 해 전, 일본의 한 중학교에서 수학 공개 수업이 있었는데 교사는 학생들에게 다음과 같은 문제를 내주었다.

〈길이가 $4m$이고 너비가 $3m$인 직사각형의 마당이 있다. 이 마당에 꽃밭을 만들려고 하는데 꽃밭의 면적이 마당의 절반이 되게 하려고 한다.

〈설계 방안을 작성하라.〉

학생들은 저마다 자기가 즐기는 도안을 설계해 내었다. 다음은 그 중의 8가지 도안이다. 이 8개 도안의 면적은 쉽게 구할 수 있으며, 꽃밭을 만들 때 소요되는 수치도 금방 얻을 수 있다. 예를 들면 그림 6 에서 꽃밭은 반지름이 같은 원 1개와 원의 $\frac{1}{4}$이 되는 부채형 4개로 이루어졌다. 원의 반지름을 얼마로 하면 요구를 만족시키겠는가? 원의 반지름을 $R(m)$라고 설정하면 제의에 의하여

$$2\pi R^2 = \frac{1}{2} \times (4 \times 3)$$
$$\pi R^2 = 3$$
$$R = \sqrt{\frac{3}{\pi}} \approx 0.977(m)$$

즉 원의 반경을 약 $0.977m$로 정하면 꽃밭의 면적이 직사각형 모양 마당의 절반이 된다.

이와 다른 더 아름다운 도안을 설계해 보라.

42
삼각형 모양의 밭을 인구에 따라 나누기

아래 그림 에서와 같이 시골에 한 변이 물도랑에 가까운 삼각형 모양의 밭이 있다. 위원회에서는 이 밭을 인구에 따라 다섯 구역으로 평균 분배해 주려 한다. 관개하는 데 편리하도록 다섯 밭이 물도랑과 이어지게 하려면 밭을 어떻게 나누어야 하는가?

다섯 구역의 인구는 아래 표와 같다.

호 별	1	2	3	4	5
인구수	5	2	4	8	6

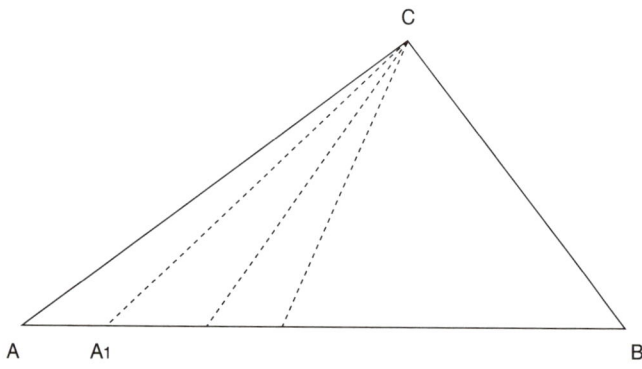

삼각형의 면적은 밑변에 높이를 곱한 값의 절반과 같다. 삼각형의 높이가 같다면 면적은 밑변의 길이와 정비례한다.

이 다섯 구역의 총인구는 25명이다. 물도랑에 잇닿은 변 AB에서 A점(또는 B점)에서 시작하여 $300 \div 25 = 12(m)$를 단위로 하여 차례로 재면 된다. 예를 들어 첫째 구역의 밭을 잴 때에는 5개 단위의 길이를 잰다. 즉 $12 \times 5 = 60(m)$를 재고 점 A_1를 얻는다. 그러면 $\triangle AA_1C$가 위치한 밭이 첫째 구역에 분배해줄 밭이다.

펜토미노(pentomino)

펜토미노는 고대 로마에서 유래한 일종의 도형퍼즐이다. 5개의 정사각형 조각이 서로 변끼리 붙어 이루어진 도형 모양을 만드는 놀이다. 이 5개의 조각으로 총 12가지 알파벳 모양의 모형을 만들 수 있다. 펜토는 로마어로 5를 의미해서 붙여진 이름이다.

이외에도 도형의 개수에 따라 이름이 따로 있으며 각기 만들 수 있는 도형의 수도 차이가 난다. 이렇게 n개의 정사각형이 최소한 1개의 변을 공유하여 만들어지는 다각형을 총칭하여 폴리오미노(polyomino)라고 한다.

우리가 잘 알고 있는 테트리스 게임은 테트로미노을 응용한 것이다.

- 도미노=정사각형 2개, 도형 1가지
- 트로미노=정사각형 3개, 도형 2가지
- 테트로미노=정사각형 4개, 도형 5가지
- 펜토미노=정사각형 25개, 도형 12가지
- 헥소미노=정사각형 6개, 도형 35가지
- 헵토미노=정사각형 7개, 도형 108가지
- 악토미노=정사각형 8개, 도형 369가지 …
- 도데코미노=정사각형 12개, 도형 63600가지

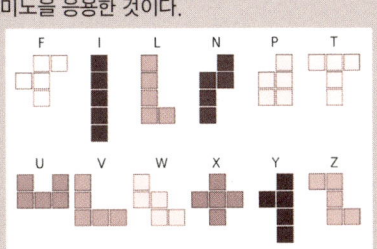

43
원주율은 어떻게 계산하는가

원주율이란 무엇인가? 원주율이란 원의 둘레와 원의 지름의 비이다. 이것은 원의 크기와 관계없는 〈상수〉인데 수학에서는 〈π〉라고 한다. 원주율 π는 널리 응용되며 기이한 수이다.

원주율 π의 값은 얼마인가? 이 값을 구하기 위해 오래 전부터 많은 수학자들이 머리를 짰다. 처음에 사람들은 끝까지 계산하면 π의 완전한 값을 구할 수 있다고 생각하였다. 그러나 아무리 계산하여도 끝까지 계산할 수가 없었다.

옛날 중국에는 〈주3경1〉이란 설이 있었다(즉 $\pi=3$). 기원전 100여 년(서한 때)에 〈주비산경〉에 이것이 기재되어 있다. 후에 원주율은 3보다 조금 커야 한다는 것을 알게 되었다. 동한 때에 이르러 중국의 천문학자이며 수학자인 장형(張衡, 78~139)이 원주율은 10의 제곱근(즉 $\pi=\sqrt{10}=3.16$)과 같다고 하였다. 이 수는 간단하고 기억하기 쉽다.

위나라와 진나라 때 중국의 수학자 유휘(劉徽, ?)가 263년에 〈구장산술〉에 주를 달 때, 〈주3경1〉은 내접 정십이각형의 면적밖에 계산할 수 없다고 지적하였다. 원의 면적을 정밀하게 계산하기 위하여 그는, 원의 내접 정192각형의 면적을 계산하여 원주율의 값 $\pi = \frac{157}{50} = 3.14$를 얻었다.

후에 내접 정3072각형의 면적을 계산하여 더욱 정확한 원주율의 값 $\pi = \frac{3927}{1250} = 3.1416$을 얻었다. 이런 내접 정다각형의 면적으로 원의 면적에 접근시키는 극한 개념은 수학에서 매우 큰 창조적 업적이다.

조충지(祖冲之)

남북조 시대의 과학자 조충지(祖冲之, 429~500)가 계산해 낸 원주율의 값은 놀랍다. 그는 π의 값이 3.1415926과 3.1415927 사이에 있다고 계산해내었다. 이것은 한 자도 틀리지 않는 세계에서 제일 일찍 계산해 낸 일곱 자리 소수이다. 조충지의 이 성과는 〈철술〉이란 책에 기재되어 있다.

루돌프 반 쾰렌

15세기 이후 유럽에서는 과학 기술이 발전하면서 원주율도 정확하게 계산해냈다. 뚜렷한 것은 1596년 독일의 수학자 루돌프 반 쾰렌(Ludolph van Ceulen, 1540~1610)이 계산해낸 것이다. 그는 정262각형의 둘레를 계산하여 π의 값을 소수점 아래 35자리까지 계산해냈다. 그는 이 35자릿수의 값을 비석에 새겨 넣으라고 하였다.

17세기 중엽 이후 미적분으로 π의 계산 방법은 본질적인 변화를 가져왔다. 정다각형의 둘레를 계산하던 방식에서 수렴 급수를 계산하는 방식으로 변하였다. 이것은 거의가 역탄젠트 함수의 수열 전개식이다.

$$\arctan x = x - \frac{x^3}{3} + \frac{x^5}{5} - \frac{x^7}{7} + \cdots + (-1)^n \frac{x^{2n+1}}{2n+1} + \cdots \ (|x| \leq 1).$$

arctan1 = $\frac{\pi}{4}$, $x=1$이라고 하면 다음과 같은 라이프니츠 공식을 얻는다.

$$\frac{\pi}{4} = \frac{1}{1} - \frac{1}{3} + \frac{1}{5} - \frac{1}{7} + \cdots \frac{(-1)^n}{2n+1} + \cdots$$

이것은 무한 수열로 π를 표시한 제일 간결한 공식이다. 그러나 이 공식은 사용하기가 어려웠다. 근사한 값밖에 구하지 못하기 때문이다. 그래서 더욱 편리한 방식으로 π의 값을 구하는 길을 탐구했는데, 예를 들면 다음과 같은 공식들이다.

$$\pi = 20\text{arctna}\frac{1}{7} + 8\arctan\frac{1}{79} \quad (\text{유리 베가})$$

$$= 16\arctan\frac{1}{5} - 4\arctan\frac{1}{239} \quad (\text{마틴})$$

$$= 16\arctan\frac{1}{5} - 4\arctan\frac{1}{70} + 4\arctan\frac{1}{99} \quad (\text{러더퍼드})$$

미적분 이론 덕분에 π의 계산은 새로운 경지에 들어섰다. 소수의 자릿수가 1706년에는 100자리, 1794년에는 140자리, 1824년에는 152자리, 1844년에는 205자리, 1853년에는 440자리, 1855년에는 500자리에 도달했으며, 1947년에는 808자리까지 계산해냈는데, 이것은 컴퓨터가 세상에 나오기 전의 최고 기록이다.

컴퓨터가 세상에 나온 후에는 π의 소수 자릿수가 놀랄 만

한 속도로 증가하였다. 1949년에는 하루에 2048자리(그 중 2037자리까지 정확함)까지, 1967년에는 50만 자리까지, 1988년에는 2억여 자리까지, 1989년에는 10억여 자리까지, 최근에는 2조 단위 자리까지 계산해냈다.

원주율을 이런 수치까지 계산하리라고 과거에는 상상도 못했을 터이다. 이러한 계산은 π의 비밀을 탐색한다기보다 컴퓨터의 성능을 실험했다고 하는 것이 나을 것이다.

파이(π)데이(pi day)

프랑스의 수학자이자 예수회 선교사인 피에르 자르투(Pierr Jartoux, 1668~1720)가 원주율 값인 3.14를 고안한 것을 기념하기 위해 제정한 날이다.

서구 사회에서는 이미 보편화되어 있으며, 특히 미국의 샌프란시스코에서는 매년 3월 14일 1시 59분에 π 모양이 새겨진 파이를 먹으며 축하 행사를 하는 것으로 유명하다.

또한 알베르트 아인슈타인(Albert Einstein, 1879~1955)의 생일이기도 한 까닭에 그의 사진이 행사장을 채우기도 한다.

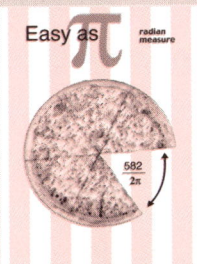
파이데이 포스터

행사장 전시물

44
다차원 공간이란 무엇인가

일상생활에서의 〈공간〉은 현실적이고 구체적인 것으로서 가로, 세로, 높이로 물질의 존재를 나타내는 일종의 객관적인 형식이다. 책상과 옷장이 차지하는 공간처럼. 그러나 수학에서의 〈공간〉은 이보다 더 넓은 뜻을 포함한다.

기하학에서는 공간을 점의 집합으로 본다. 이 집합의 점은 유한개일 수 있고 무한개일 수 있다. 따라서 추상적이며 위치만 있고 크기가 없는 〈점〉도 하나의 공간으로 볼 수 있다. 차원과 다차원 공간은 추상적인 공간을 다루는 위상기하학이 발전하면서 탄생하고 탄탄해졌다.

어떻게 직선, 평면, 입체를 구별하는가? 차원의 차이가 그 답이다. 점은 0차원, 점이 모인 직선은 일차원 공간, 직선이 모인 평면은 2차원 공간, 면이 모인 입체는 3차원 공간이다. 우리가 살고 있는 현실 세계는 3차원 공간이다.

4차원 이상의 공간은 매우 추상적이다. 이런 공간을 수학에서는 통틀어 〈다차원 공간〉이라고 부른다.

〈다차원 공간〉은 추상적이지만 쓸모 있다. 예를 들

면 비행기가 하늘에서 나는 상황을 살피기 위해 과학자들은 시각마다 비행기의 위치 및 방위를 확정해야 한다. 비행기의 위치는 직각 좌표계의 3개 좌표 x, y, z로 결정하지만, 비행기의 방위는 3개의 방위각 ϕ, θ, φ로 결정한다. 이들을 모두 고려하면 6개($x, y, z, \phi, \theta, \varphi$)의 변수가 나오는데, 이들로 이루어진 점은 6차원 공간의 좌표로 볼 수 있다.

이런 식의 좌표 표시는 수학에서 자주 이용하고 있지만, 물리학에서도 그에 못지않게 널리 쓰이고 있으며, 여타 과학과 공학에도 적용하고 있다.

민코프스키의 시공세계(Minkowski's space - time world)

독일에서 주로 활동한 러시아 출신의 수학자인 헤르만 민코프스키(Hermann Minkowski, 1864~1909)가 알베르트 아인슈타인이 1905년에 발표한 특수상대성이론을 기하학적 표현 수단으로 도입한 공간으로 민코프스키 공간, 4차원 공간이라고도 한다. 이 공간에서는 3차원 공간과 1차원의 시간이 서로 조합되어 시공간의 4차원 다양체를 표현하고 있다.

이론물리학에서 유클리드 공간과 자주 비교되는데, 유클리드 공간이 공간적인 차원만을 가지고 있는 반면에 민코프스키 공간은 공간적 차원뿐만 아니라, 시간적 차원을 포함하고 있다.

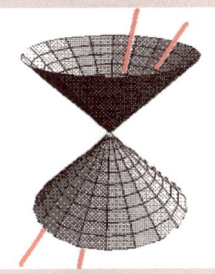
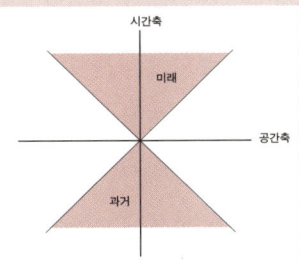

45
구와 고리가 〈위상기하학〉에서는 같은가

 이런 것을 상상하여 보라. 책상에 고무공과 도넛 하나가 놓여 있는데, 영리한 개미 한 마리가 도넛 위를 기어 다니면서 이렇게 생각하고 있다. 〈음, 이곳은 정말 좋구나. 매끌매끌하고 평탄하며 약간 경사도 졌으니.〉
 이번에는 개미가 고무공 위를 기어오르고 있다. 개미는 움직이고 있는 곳이 다르다는 것을 알 수 있을까? 사실상 발견하기 매우 어렵다. 그것은 고무공이나 도넛이나 표면의 환경이 비슷하기 때문이다.
 같은 문제를 우리에게 질문하면, 학생들은 고무공과 도넛이 같지 않다고 말할 것이다. 보다시피 도넛에는 가운데에 구멍이 나 있지만 고무공에는 없지 않은가.
 왜 개미와 사람의 생각이 같지 않은가? 그것은 개미는 부분을 보았고, 사람은 전체를 보면서 고무공(구)과 도넛(고리)의 다른 점을 보았기 때문이다.
 20세기부터 발전한 〈위상기하학〉이 이와 같은 성질을 연구하는 수학의 분야이다.
 앞에서 얘기한 〈쾨니히스베르크의 다리 문제〉도 위상기하학의 문제이다. 쾨니히스베르크의 섬과 다리는 각기 크기가 다르고 모양이 다르다. 하지만 우리는 이러한 부분적인 특징을 고려할 필요 없이, 점과 선만 생각하면 문제를 쉽게 해결할 수 있다. 구와 고리의 면은 부분적으로는 비슷하지만 전체로는 다르다.

클라인의 항아리(Klein's bottle)

뫼비우스의 띠처럼 안과 밖을 구분할 수 없는 단측곡면(單側曲面)의 한 예로 1882년 독일의 수학자 펠릭스 클라인(Felix Christian Klein, 1849~1925)이 고안하였다. 클라인 병, 클라인 관이라고도 한다. 뫼비우스의 띠가 2차원 도형인 평면의 종이띠를 한 번 꼬아서 3차원의 입체도형을 만들었다면 클라인의 항아리는 4차원의 도형인 셈이다.

클라인의 항아리는 밑면과 윗면이 뚫려 있는 원기둥으로 만든다. 3차원의 세계에서는 옆면을 뚫고 들어가서 밑면에 윗면을 붙여서 만들지만 4차원에서는 옆면을 뚫지 않고도 두 면을 붙일 수 있다고 한다. 또한 이 항아리를 반으로 자르면 뫼비우스의 띠가 2개 만들어진다.

이 항아리의 특징은 양쪽의 끝이 접속되어 있다는 점에서 분명 닫혀 있으면서도 사실은 열려 있으며 안과 밖의 구분이 없다는 것이다. 때문에 이 항아리에 물을 부으면 그대로 흘러나가 버린다. 이 항아리의 쓰임새는 아직 밝혀지지 않고 있다.

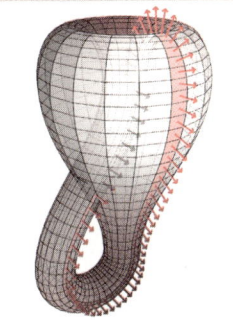

46
한 개 면만 있는 종이띠가 있는가

아우구스트 뫼비우스

좁고 긴 종이 띠를 준비한 후 종이띠의 뒷면에 색을 칠하고, 앞면과 뒷면의 중간에 점선을 그은 다음, 그림1 처럼 종이띠의 양끝($A+C, B+D$)을 풀로 붙여 흰색의 면이 바깥쪽을 향하게 한다. 이렇게 만든 종이띠는 바깥은 흰색이고 안쪽은 색이 칠해져 있다.

개미 한 마리를 붙잡아 흰색에서 기어 다니게 하면 개미는 언제나 흰색 면 위에 있게 된다. 반대로 색이 있는 면에 놓으면 개미는 색이 있는 면에서만 기어 다니게 된다.

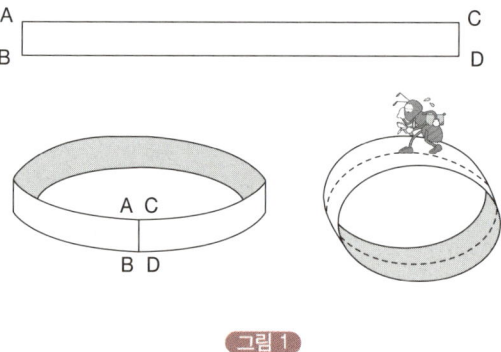

그림 1

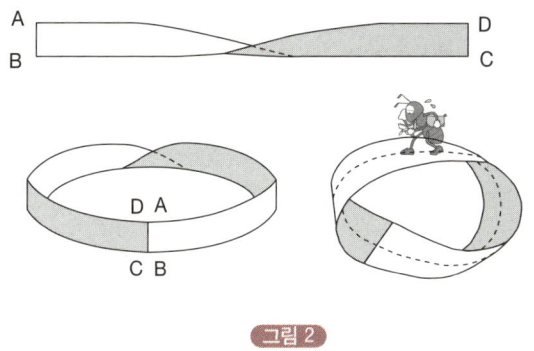

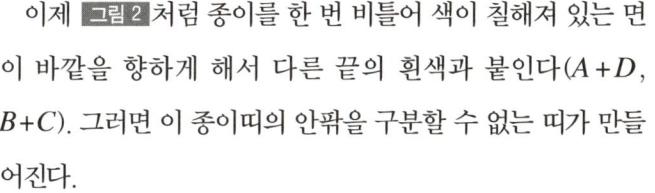

그림 2

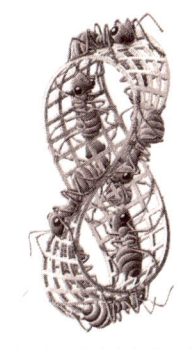

이제 그림 2 처럼 종이를 한 번 비틀어 색이 칠해져 있는 면이 바깥을 향하게 해서 다른 끝의 흰색과 붙인다($A+D$, $B+C$). 그러면 이 종이띠의 안팎을 구분할 수 없는 띠가 만들어진다.

네덜란드의 화가인 마우리츠 에스허르(Maurits C. Escher, 1898~1972)의 뫼비우스의 띠에 대한 작품

개미를 붙잡아서 종이띠에 놓고 자유로이 기어 다니게 하면, 개미는 색이 칠해져 있는 면과 흰 면의 모든 곳을 갈 수 있다. 바꾸어 말하면 이 종이띠는 한 개 면밖에 없는 것으로 변한 것이다.

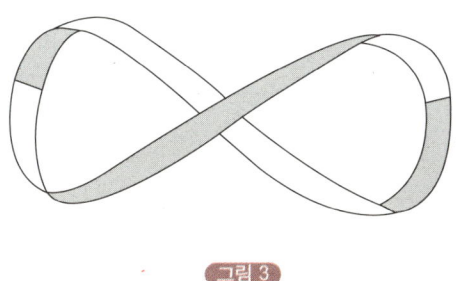

그림 3

2장. 수학여행 — 기묘한 도형의 세계로

이 종이띠는 또 다른 기이한 특징을 가지고 있다. 종이띠의 중간선을 따라 자르면, 두 개로 나누어지는 것이 아니라 그림 3 처럼 하나의 긴 종이띠가 된다.

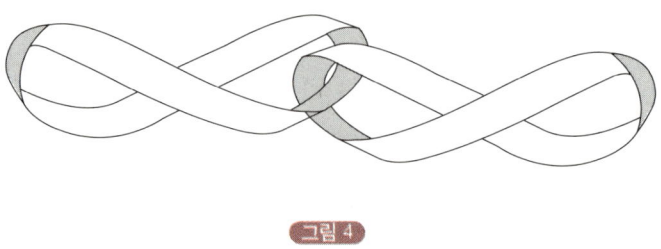

그림 4

이것을 한 번 더 자르면 이번에는 두 개의 연결된 종이띠 고리가 된다(그림 4).

믿기 어려우면 스스로 해 보라.

이러한 띠는 독일의 수학자 아우구스트 뫼비우스(August Ferdinand Möbius, 1790~1868)가 발견한 것으로 오직 한 개 면만 있는 뫼비우스의 띠라고 한다.

47
왜 삼각형 구조는 안정적인가

책상이 망가졌을 때 어떻게 대야 제일 튼튼하겠는가?

삐거덕거리는 책상에 나무를 가로로 덧대면 약간 보강이 되기는 하지만 완벽하지 못하고 다시 삐거덕거리게 된다. 그러나 책상과 삼각형을 이루고 이어지는 곳에 나무를 덧대고 못을 박으면 아주 튼튼하게 고쳐진다.

왜 굵기가 똑같은 나무를 가로로 대는 것과 비스듬히 대는 것이 다른 효과를 내는가? 왜 못을 세 개 박으면 충분한가?

그것은 삼각형은 세 변의 길이만 결정되면 모양과 크기가 변하지 않는 특수한 성질을 가지고 있기 때문이다. 이런 성질을 삼각형의 안전성이라고 한다.

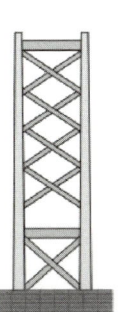

한 직선 위에 있지 않은 세 점은 오직 한 개 평면밖에 결정할 수 없다는 원리에 의해 무게 중심이 삼각형 안에 놓이게 된다.

에펠탑 같은 대형 철골 구조물이나 송전용 철탑 등은 모두 삼각형 구조를 채택하고 있는 좋은 예이다.

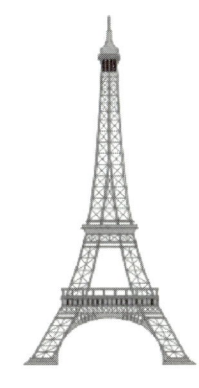

3장 수학여행 – 통계와 확률의 재미 속으로

48_ 왜 키가 1.5m인 사람이 평균 물 깊이가 1m인 연못에서 재난을 당하는가
49_ 토너먼트로 하는 경기 게임수를 어떻게 계산하는가
50_ 리그전으로 하는 경기의 게임수는 어떻게 계산하는가
51_ 왜 콩쿠르에서 점수를 매길 때 최고 점수와 최저 점수를 빼는가
52_ 왜 4×100m 달리기의 100m 결과가 100m 달리기보다 좋은가
53_ 왜 키 큰 부모의 자녀의 키가 때로는 부모보다 작은가
54_ 왜 도박에서 늘 박이 이기는가
55_ 추첨 번호는 잇닿은 것이 좋은가 그렇지 않은가
56_ 제비뽑기에서 먼저 뽑는 것이 나은가
57_ 왜 같은 반 학생의 생일이 같을 가능성이 큰가
58_ 왜 농구에서 연속 득점하기 어려운가
59_ 처음부터 끝까지 완전히 같은 바둑 시합이 나타날 수 있는가
60_ 왜 두 버스를 타는 횟수가 번번이 다른가
61_ 왜 〈세 사람이 동행하면 꼭 나의 스승이 있다〉고 하는가
62_ 어떻게 수학으로 광고의 효과성을 평가하는가
63_ 어떻게 수학적 방법으로 마음에 드는 상품을 고를 것인가
64_ 왜 〈수학 기댓값〉을 고려해야 하는가
65_ 공장에서 정비원을 얼마나 두어야 가장 합리적인가
66_ 공장에서 정비원을 어떻게 두어야 가장 합리적인가
67_ 어떻게 설비를 정기적으로 검사하는가
68_ 부속품의 공급소를 어디에 세우면 제일 좋은가
69_ 왜 동전을 여러 번 던지면 앞과 뒤가 나오는 횟수가 비슷해지는가
70_ 왜 확률로 π의 근사치를 구할 수 있는가
71_ 어떻게 수학 계산으로 전투를 대치할 수 있는가

48
왜 키가 1.5m인 사람이 평균 물 깊이가 1m인 연못에서 재난을 당하는가

어떤 사람이 〈키가 1.5m인 사람이 물 깊이가 1m인 못에서 잠기게 되는가?〉라고 물으면, 학생들은 〈잠기지 않습니다.〉라고 대답할 것이다.

또 〈키가 1.5m인 사람이 평균 물 깊이가 1m인 못에서는 잠기게 되는가?〉라고 물으면 학생들은 이번에도 〈잠기지 않는다.〉고 대답할 수 있는가? 그렇게 못할 것이다.

여기에 평균치의 개념이 언급된다. 한 조의 수가 주어졌을 때, 그 안에 포함된 모든 수의 합을 포함된 수의 개수로 나눈 결과가 평균이다. 예를 들면 3, 4, 5의 평균은 $\frac{3+4+5}{3}$ = 4이다. 평균은 작을 수 있고 클 수도 있다.

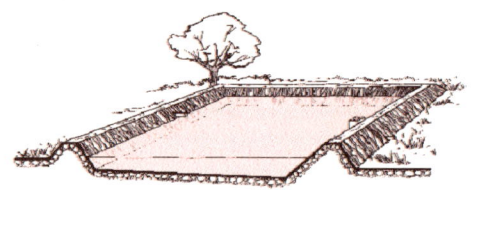

그러므로 못의 평균 물 깊이가 1m라는 것은 그림 처럼 못의 여러 곳의 물 깊이가 완전히 같지 않다는 것을 말하는 것이다. 어떤 곳은 물 깊이가 1m가 안 되고 어떤 곳은 물 깊이

가 $1m$를 초과하므로 키가 $1.5m$인 사람이 물 깊이가 $1.5m$를 초과하는 곳에 오면 치명적인 재난을 입을 수 있다.

우리는 일상생활에서 평균치와 관계되는 문제에 부딪친다. 예를 들면 사람들의 평균 수명이 70살이란 것은 모두 70살까지 산다는 말이 아니다. 어떤 사람은 80여 살까지 살 수 있고, 어떤 사람은 40여 살밖에 살지 못한다.

프로크루스테스의 침대(Procrustean bed)

고대 그리스 신화에 아티카 지방의 프로크루스테스(늘이는 자 또는 두드려 펴는 자라는 뜻)라는 악당이 나온다. 그는 여관을 차려 놓고 여행객들을 상대로 강도짓을 했다. 여행객을 침대에 눕혀 놓고 여행객의 키가 침대의 길이보다 크면 그만큼을 잘라내 죽이고, 만일 침대보다 키가 작으면 침대 길이만큼 늘여서 죽였다.

프로크루스테스 침대는 길이를 조절하는 비밀장치가 되어 있어 어느 누구도 침대의 길이와 꼭 맞는 사람이 없었다. 그러던 중에 아테네의 영웅 테세우스(Theseus)가 그곳을 방문했는데, 테세우스는 이를 미리 눈치채고 프로크루스테스가 저질렀던 방식과 똑같이 그의 머리와 다리를 도끼로 잘라내어 처치했다.

이 신화는 융통성이 없거나 자기가 세운 일방적인 기준에 다른 사람들의 생각을 억지로 맞추려는 아집과 편견을 비유하는 관용어로 쓰이고 있다.

테세우스가 프로크루스테스를 처치하는 모습이 담긴 그리스 도자기 그림

49
토너먼트로 하는 경기 게임수를 어떻게 계산하는가

전국에서 축구팀이 모여 시합을 하려고 한다. 참가한 팀은 50팀이고 토너먼트 방식으로 시합하려고 한다. 그렇다면 총 몇 게임을 치러야 하는가?

나중에 결승전에 참가할 팀은 2팀이어야 하는데, 이 2팀은 $2^2=4$팀 가운데서 나오고 이 4팀은 또 $2^3=8$팀 가운데서 나와야 한다.

등록한 팀이 2의 거듭제곱이면 즉 2, 4(2^2), 8(2^3), 16(2^4), 32(2^5), … 2팀을 한 조로 하고 경기를 하여 점차 탈락시키면 된다.

등록한 팀이 2의 거듭제곱이 아니면 중간에 부전승이 있게 된다. 한 조에 2팀씩 하여 경기를 한다면 부전승팀은 중간이나 뒤의 경기에 참가하게 된다. 그런데 중간이나 뒤의 단계에서는 점차 실력이 강한 팀이 남게 된다. 따라서 부전승과 부전승이 아닌 팀은 기회의 불균형을 나타낸다. 그래서 경기 참가팀이 균등한 승전 기회를 얻고 경기가 갈수록 박진감 넘치게 하기 위해 우리는 늘 부전승을 제1회전에 넣는다.

예를 들면 50은 $32(2^5)$와 $64(2^6)$ 사이에 있고 50 - 32 = 18이므로 제1회전은 50팀 가운데서 18팀을 탈락시켜야 하므로, 18게임을 해야 한다. 이러면 제1회전에 참가하는 팀은 18조에 36팀, 부전승은 14팀이다. 제1회전에 참가하는 팀은 18팀이 탈락하고 32팀이 남는데, 따라서 제2회전부터는 부전승이 없게 된다. 제2회전은 16게임, 제3회전은 8게임, 제4회전은 4게임, 제5회전은 2게임, 제6회전은 곧 결승전이다. 이러면 6회전에 경기수는 18 + 16 + 8 + 4 + 2 + 1 = 49로 50보다 1이 적다.

이제 월드컵 축구 경기의 예를 보기로 하자. 2002년 우리나라와 일본이 공동 개최한 제17회 월드컵 경기에는 32개 팀이 참가하였다. 먼저 각 4팀씩 8개조로 나눠 조별 풀리그 방식으로 경기를 치뤄 각 조별 상위 2팀이 16강에 오른다. 그 후 16강전부터는 토너먼트 방식으로 경기를 하였다. 만일 경기 전부를 토너먼트로 한다면 경기를 몇 게임 안배할 것인가?

$32 = 2^5$이므로 총 게임 수는 16 + 8 + 4 + 2 + 1 = 31, 역시 32보다 1이 적다.

이제 일반적인 상황으로 살펴 보자.

참가팀은 M팀이다. M은 2^n 보다 크고 2^{n+1} 보다는 작다. 그러면 $n+1$ 경기를 해야 한다. 제1회전에서 치러야 할 경기의 게임수는 $M-2^n$, 제1회전 경기에서 $M-2^n$ 팀을 탈락시킨 후 남은 수는 $M-(M-2^n)=2^n$이다. n회전 경기의 게임 수는

$2^{n-1}+2^{n-2}+2^{n-3}+\cdots+2^3+2^2+2+1$
$=(2^{n-1}+2^{n-2}+2^{n-3}+\cdots+2^3+2^2+2+1)\times(2-1)$
$=(2^n+2^{n-1}+2^{n-2}+2^{n-3}+\cdots+2^3+2^2+2+1)$
$\quad-(2^{n-1}+2^{n-2}+2^{n-3}+\cdots+2^3+2^2+2+1)$
$=2^n-1$.

그러므로 게임 수는 $(M-2^n)+(2^n-1)=M-1$ 즉 참가한 팀의 수보다 1이 적다.

토너먼트(tournament)의 유래

토너먼트라는 말은 중세 유럽의 기사(knight)들의 마상시합에서 유래한다. 처음에는 실전과 마찬가지로 진행되었다. 두 기사집단이 단체로 싸워 이긴 팀이 진 쪽으로부터 무기나 갑옷, 말 등을 빼앗거나 포로로 잡아 몸값을 받기도 했다.

그러나 위험한 경기였기 때문에 부상을 입거나 죽는 기사들도 많았다. 이후 이 난폭한 경기는 일대일의 시합으로 바뀌었으며, 무기도 위험하지 않은 것으로 바뀌게 된다.

국왕이나 귀족들이 참관한 가운데 열리는 이런 시합에서 우승하는 것은 기사 최대의 명예로운 것으로 많은 상금이 주어지기도 했다.

50
리그전으로 하는 경기의 게임수는 어떻게 계산하는가

토너먼트로 하는 경기는 게임수가 비교적 적고 시간이 짧기 때문에 참가팀이 많은 경기에서는 이 방법을 쓴다. 그러나 이것은 우승을 하려면 중간에 절대 지지 말아야 한다. 그리고 실력이 강한 팀끼리 너무 일찍 만나는 일이 벌어져 최종적으로 결정된 순위의 합리성이 떨어지는 일이 발생한다.

그래서 참가 팀이 많지 않은 경기에서는 리그전을 치른다. 리그전에서는 게임수는 어떻게 계산해야 하는가? 아래에서 한 예를 보기로 하자. 15개 팀이 리그전으로 경기를 한다면 모두 몇 게임을 치뤄야 하겠는가?

리그전 경기를 하자면 팀은 다른 팀과 한 번 겨루어 보아야 한다. 각 팀은 14게임 경기를 치러야 하므로 총 15×14게임을 치러야 한다. 그런데 매 경기는 두 개 팀이 맞붙으므로 이렇게 계산하면 한 게임을 두 게임으로 계산한 것이 된다. 하지만 실제 게임 수는 $\frac{15 \times 14}{2} = 105$게임이다.

월드컵 축구 경기의 예를 보기로 하자. 2002년 우리나라에서 개최한 월드컵 축구 경기 본선에는 32개 팀이 참가했는데 리그전으로 한다면 게임수는 (32×31)÷2=496게임이다. 일반적으로 리그전으로 하는 경기에 n개 팀이 등록했다면 게임수는 $\frac{n(n-1)}{2}$이다.

그러나 이렇게 안배하면 게임수가 너무 많고 시간도 많이 걸린다. 그러므로 많은 경기는 완전한 리그전이 아니라 1회전만 조별 리그전으로 한다.

아래에서 15개 팀을 한 조에 5개 팀씩 3개 조로 나누고 각 조 2회 리그전으로 한다면 경기를 몇 게임 해야겠는가를 보기로 하자. 3개 조는 리그전을 하여 3개의 승자팀이 나왔다. 이 팀이 다시 리그전을 하여 우승과 준우승이 나온다. 이러면

제1회전은 $\frac{5 \times 4}{2} + \frac{5 \times 4}{2} + \frac{5 \times 4}{2} = 30$게임.

제2회전은 $\frac{3 \times 2}{2} = 3$게임.

경기의 총 게임수는 30+3=33게임.

다시 2002년 월드컵 축구 경기의 예를 보기로 하자. 32개 팀이 한 조에 4개 팀씩 8개 조로 나뉘어 경기를 할 때 각조 리그전으로 겨룬다면 제1회전에서는 $\frac{4 \times 3}{2} \times 8 = 48$게임을 하여 8개 각조 승자팀이 나오고, 제2회전에는 이 8개 팀이 또다시 (8×7)÷2=28게임을 하여 우승과 준우승을 뽑는다.

사실상 많은 경기는 이 두 가지 방식 ― 토너먼트와 리그전을 동시에 채택한다. 예를 들면 2002년 월드컵 축구 경기에서

32개 팀이 8개 조로 나뉘어 리그전으로 48게임을 치렀다. 각 조의 1, 2위 16개 팀이 토너먼트로 8게임을 치러 8강을 걸러 냈다. 또 토너먼트로 4게임을 치러 4강을, 또 토너먼트로 2게임을 치러 1, 2등을 걸러냈다. 나중에 두 팀이 결승전을 치르고, 이 밖에 3등, 4등을 가리는 경기를 한 게임 안배하였다. 이렇게 하여 2002년 월드컵 경기에서 치러진 게임의 수는 도합 48 + 8 + 4 + 2 + 1 + 1 = 64게임이었다.

축구공 속에 숨어 있는 수학

구름 모양의 14개 조각으로 만들어진 팀 가이스트(2006년 FIFA 독일 월드컵 공인구)가 나오기 전까지 축구공은 정오각형 12개와 정육각형 20개를 조합해서 만든 32면체로 이루어져 있다. 우리가 익히 알고 있는 점박이 축구공은 1963년 아디다스가 만든 것으로 〈산티아고(최초의 FIFA 공인구)〉로 명명되었다.

이러한 축구공의 원형은 대 그리스의 수학자 아르키메데스의 다면체에서 착안되었으며, 레오나르도 다빈치의 그림에서도 나타난다.

또 하나 흥미로운 사실 중 하나는 풀러렌(Fullerene)이라는 탄소 동위원소(C60)의 모양이 축구공 모양의 32면체와 똑같다는 것이다. 또한 풀러렌이라는 이름은 삼각형을 이용해 축구공 모양의 원형구조물인 측지돔(geodesic dome)을 설계한 것으로 유명한 미국의 건축가 리처드 풀러(Richard Buckminster Fuller, 1895~1983)의 이름을 따서 명명되었다.

 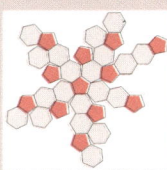  

32면체 축구공   축구공 전개도   풀러렌 C60   풀러와 측지돔

51
왜 콩쿠르에서 점수를 매길 때 최고 점수와 최저 점수를 빼는가

한 학생이 노래를 다 부른 다음 6명의 심사 위원들이 점수(10점 만점)를 내는데 순서대로 9점, 9.5점, 9.55점, 9.6점, 9.75점, 9.9점이었다. 채점 규정에 따라 최고 점수와 최저 점수를 빼버리고 4개 점수를 평균하니 그 학생의 최종 점수는

$$\frac{9.5 + 9.55 + 9.6 + 9.75}{4} = 9.6(점)이다.$$

왜 최고 점수와 최저 점수를 빼버리는가? 이것은 심판이 소홀하거나 너무 과하게 점수를 주는 의도적인 상황을 제거하기 위함이다. 그래서 보다 객관적이고 정확한 채점을 하기 위해 최고 점수와 최저 점수를 빼버리는 것이다.

이것은 중간값의 개념과 관계가 있다. 중간값이란 무엇인가? 위의 예를 보면 차례로 커지는 6개 수 가운데 중간에 있는 셋째, 넷째 수의 평균이 바로 중간값이다. 즉

$$\frac{9.55 + 9.6}{2} = 9.575.$$

심사 위원이 홀수이면 예를 들어 앞의 5개를 취하면 중간값은 9.55 즉 셋째 수이다. 중간값은 극단치의 영향을 받지 않는다. 그러나 평균값은 영향을 받는다. 그러므로 중간값이 때로는 평균값보다 평균 수준을 더 잘 반영한다. 예를 들면 한 학급 10명 학생이 시험에 참가하는데 2명이 결석하여 0점을 맞았다. 10명의 점수가 순서대로 0점, 0점, 65점, 69점, 70점, 72점, 78점, 81점, 85점, 89점이었고 평균 점수는

$$\frac{0+0+65+69+70+72+78+81+85+89}{10} = 60.9$$이다.

65점을 맞은 학생은 평균값을 초과했으므로 중상 수준에 속한다고 말해야 할 것이다. 그러나 사실은 그렇지 않다. 결석한 2명의 학생을 빼면 그가 꼴찌이다. 여기서 평균값은 평균 수준을 진정 반영하지 못하였다.

중간값은 다섯째와 여섯째 학생의 평균값 즉 $\frac{70+72}{2} = 71$이다.

71점을 초과하면 중상 수준이요 71점보다 낮으면 중하 수준이다. 여기서 중간값이야말로 진정한 수준의 대표이다.

물론 평균값도 장점을 가지고 있다. 최고 점수와 최저 점수를 빼버리는 채점은 곧바로 평균값과 중간값의 장점을 흡수할 뿐만 아니라 대다수 심사 위원들의 뜻을 반영하였으므로 비교적 합리적이다.

52
왜 4×100m 달리기의 100m 결과가 100m 달리기보다 좋은가

짐 하인즈(1968년 100m 세계신기록 수립 순간)

1968년 10월 멕시코에서 진행된 제19차 하계 올림픽 경기대회에서 미국 선수 짐 하인즈(Jim hines, 1946~)는 9″95의 성적으로 맨 처음 $100m$ 달리기에서 10초 고비를 넘김으로써 육상 경기 사상 또 하나의 이정표를 세웠다. 역시 미국 팀의 4×$100m$ 달리기 성적은 38″2에 달해 평균 $100m$에 걸린 시간이 9″6도 되지 않았다.

$4 \times 100m$ 달리기는 네 사람이 $100m$씩 달려야 하는 것이다. 네 사람 모두 짐 하인즈처럼 $100m$ 달리기의 성적이 9″95라고 해도 네 사람이 걸린 시간을 합하면 39″8이다. 이것은 어찌된 일인가? 이 문제에 대답하려면 수학이 필요하다.

1973년 미국 수학자 케일러는 $100m$ 달리기에 수학 모형을 만들었다. 선수는 출발선에서 30m까지는 속력을 낸다. 그리고 $30m$부터 $80m$까지는 최고 속도를 유지하는데 속도에는 변화가 있으나 그다지 크지 않다. $80m$ 되는 곳에서 체력이 내려간 관계로 속도가 조금 느려지는 현상이 있다.

어떤 선수든지 $100m$ 달리기에서의 최고 속도는 출발점에서 나타날 수 없다. 그는 약 $30m$ 좌우의 가속 구간이 필요한데 그한테 가속 과정을 주기만 하면 최고 달리기 속도가 나타난다. 이 조건을 $4 \times 100m$ 달리기가 제공하는 것이다.

400m 계주에서 바통 터치라는 모습

$4 \times 100m$ 달리기에서 두 번째, 세 번째, 네 번째 달리는 선수는 $30m$의 예비 달리기 구간과 이어달리기 구간을 가지고 있다. 그 중 $10m$는 예비 달리기의 기술과 바통을 받는 기술이 제대로 발휘되면 $30m$나 되는 가속 과정을 거칠 필요 없이 최고 속도에 도달할 수 있는 것이다. 그러므로 두 번째, 세 번째, 네 번째 선수는 다 그들 각자의 $100m$ 달리기의 성적을 초과할 가능성이 있는 것이다.

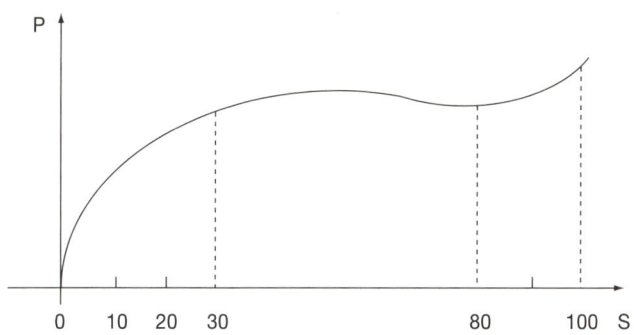

53
왜 키 큰 부모의 자녀의 키가 때로는 부모보다 작은가

사람의 키는 유전 인자와 밀접히 관계된다. 일반적으로 부모의 키가 크면 자녀의 키도 크고, 부모의 키가 작으면 자녀의 키도 작다. 그러나 예외가 많다. 이는 무엇 때문인가?

먼저 통계학의 개념을 소개하기로 하자.

$x_1, x_2, x_3, \cdots, x_n$으로 n명 사람의 키를 표시하면 이 개 수의 산술적 평균

$$\bar{x} = \frac{1}{n}\sum_{i=1}^{n} x_i = \frac{1}{n}(x_1+x_2+x_3+\cdots+x_n)$$

은 이 n명 사람의 평균키를 표시한다. 그리고 이 n개 수의 제곱근

$$SD = \sqrt{\frac{1}{n}\sum_{i=1}^{n}(x_i-\bar{x})^2}$$
$$= \sqrt{\frac{1}{n}[(x_1-\bar{x})^2+(x_2-\bar{x})^2+\cdots+(x_n-\bar{x})^2]}$$

은 이 수들의 평균수에 대한 분산 정도를 반영한다.

부모와 자녀의 키에서 유전 관계를 수학적으로 반영하기 위해 연구자들은 1000쌍의 부자(아버지와 아들만 고려함)에 대해 연구를 하였다. x_i와 y_i로 부자의 키를 표시하고, 아버지의 키 x를 가로축, 아들의 키 y를 세로축으로 하고 각조의 수치의 대응점 $(x_i, y_i)(i = [1, 1000])$를 이 좌표계에 그리면 달걀 모양의 그림을 얻는다.

프란시스 갈톤

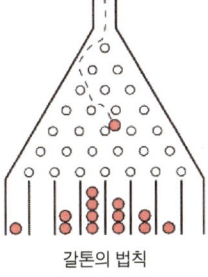

갈톤의 법칙

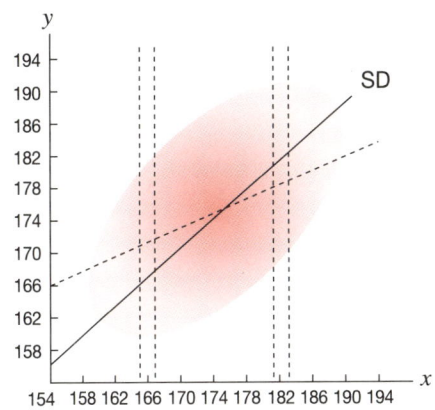

달걀 모양의 그림은 45° 경사를 이룬다. 그러므로 분산 정도를 반영하는 선 SD는 가로축과 45° 각으로 만나는 직선이다. 조사 결과 아들의 평균키가 아버지보다 $2\,cm$ 커서 SD는 세로축의 $156\,cm$ 되는 곳에 놓인다.

아버지의 키 $182\,cm$에 대응하는 세로선을 관찰해 보자. 대부분의 점이 SD의 아랫부분에 있다. 그러나 아버지의 키 166

㎝에 대응하는 세로선에서는 대부분 점이 SD의 윗부분에 있다. 이로부터 알 수 있듯이 아버지의 키가 크면 아들의 키는 작은 쪽에 기울어지고, 아버지의 키가 작으면 아들의 키는 반대로 큰 쪽으로 기울어진다.

그림 에서 중심을 지나는 점선을 〈회귀 직선〉이라고 부르는데 이는 아버지의 키가 얼마이면 아들의 키가 평균 얼마인가를 나타낸다. 예를 들면 아버지의 키가 182㎝이면 아들의 키는 평균 180㎝이고 아버지의 키가 166㎝이면 아들의 키는 평균 171㎝이다.

위에서 반영한 것은 곧 〈회귀 효과〉이다. 이는 영국의 유전학자 프란시스 갈톤(Francis Galton, 1822~1911)이 처음으로 발견한 것이다.

54
왜 도박에서 늘 박이 이기는가

도박(賭博)은 얼핏 보기엔 기회가 균등해 보이지만 사실은 기회가 불균등하며 박(博)에게 유리하다.

주사위 던지기를 예로 들어보자. 참가자가 1원씩 내고 박(博)이 주사위 3개를 던진다. 참가자가 〈1〉점을 걸었다고 하자. 던진 주사위 3개에서 1개가 〈1〉점이면 박(博)은 1원을 돌려주고 1원을 상으로 준다. 2개가 〈1〉점이면 상으로 2원을, 3개가 〈1〉점이면 상으로 3원을 준다.

겉보기에는 주사위 1개에서 당첨 기회(확률)가 $\frac{1}{6}$, 2개이면 $\frac{1}{3}$, 3개이면 $\frac{1}{2}$ 이어서 기회가 균등한 것 같다.

또 2개, 3개 맞추면 2배, 3배의 이익을 볼 수 있어 참가자에게 유리한 것 같다. 그러나 이것은 일종의 가면이다.

계산해 보자. 3개의 주사위를 함께 던지면 어떤 경우가 나타나겠는가? 주사위의 수는 6가지이므로 나타날 수 있는 경우는 $6 \times 6 \times 6 = 216$가지이다. 그 중 3개의 점수가 서로 다른 경우는 $6 \times 5 \times 4 = 120$가지이고, 3개의 점수가 같은 경우는 6가지뿐이다. 나머지 $216 - 120 - 6 = 90$가지는 3개 중 2개의 점수가 같은 경우이다.

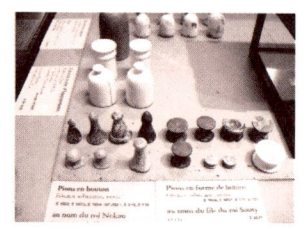
고대 이집트의 주사위

한 참가자가 계속 〈1〉에 걸고 216차례 추첨한다면 몇 차례나 당첨되겠는가?

먼저 〈1〉점이 한 개 나타나는 경우를 살펴 보자. 〈1〉점이 나타나는 주사위는 3개 중의 1개이므로 가능한 경우는 3가지이다. 그리고 다른 두 개의 주사위에 〈1〉점이 나타나지 않는 가능성은 $5 \times 5 = 25$가지이다. 그러므로 〈1〉점이 한 개 나타나는 경우는 $3 \times 25 = 75$가지이다. 5가지 경우가 다 나타나면 참가자는 $75 \times 2 = 150$(원)을 얻는다.

이제 〈1〉점이 2개 나타나는 경우를 살펴 보자. 〈1〉점이 2개 나타나는 경우는 15가지이다. 이때 참가자는 $15 \times 3 = 45$(원)을 얻는다.

나중에 〈1〉점이 3알 나타나는 경우를 토론해 보자. 이 경우는 1가지뿐이다. 이때 참가자는 $1 \times 4 = 4$(원)을 얻는다.

종합하면 216차례에 $150 + 45 + 4 = 199$(원)을 얻는다. 그런데 그가 매번 1원씩 지불하였으므로 216원 지불하였다. 그러므로 $216 - 199 = 17$(원)을 잃게 된다.

그러면 박(博)의 경우는 어떠하겠는가? 6사람이 도박에 참가하였다 하고 그들이 건 점수가 각각 〈1〉, 〈2〉, ⋯, 〈6〉이라고 하자. 216차례 했다면 박(博)은 $216 \times 6 = 1296$(원) 거두어들인다. 그러면 박(博)이 내는 돈은 얼마겠는가? 앞에서 분석한 데 의하면 216차례에서 120차례는 3개의 주사위가 서로 다른 경우이다. 이때 박(博)은 세 사람에게 2원씩 6원, $120 \times 6 = 720$(원) 지불한다.

이 밖의 90차례는 두 개의 주사위가 같은 경우이다. 예를 들어 〈1〉, 〈1〉, 〈2〉 점이 나타났다고 하면 〈3〉, 〈4〉, 〈5〉, 〈6〉 점에 건 참가자는 잃게 된다. 〈2〉점에 건 참가자는 2원을 따고 〈1〉점에 건 참가자는 3원을 딴다. 즉 박(博)이 매 차례 5원씩 $90 \times 5 = 450$(원)을 지불한다.

마지막으로 6차례는 3개의 주사위가 다 같은 경우이다. 예를 들어 〈1〉점이 나타났다고 하면 〈1〉점을 건 참가자가 한번에 4원씩 $6 \times 4 = 24$(원) 딴다. 결국 216차례에 박(博)은 도합 $720 + 450 + 24 = 1194$(원)을 지불한다.

이로부터 알 수 있듯이, 박(博)은 $1296 - 1194 = 102$(원)이 순수입이다. 이는 총금액의 7.9%를 차지한다. 이렇게 따지고 보면 도박을 걸어 돈을 딸 수 있겠는가? 절대 멍청한 〈참가자〉가 되지 말라.

확률론을 창시한 도박사 - 지롤라모 카르다노

르네상스 시대 이탈리아의 의사, 물리학자, 점성가, 수학자이며 200여 권의 저서를 남긴 대학자인 지롤라모 카르다노(Girolamo Cardano, 1501~1576)는 도박을 좋아한 것으로도 유명하다. 1563년에 쓴 〈기회의 게임에 관하여〉는 확률론 연구의 시초로 알려져 있다. 그는 수학적 확률 계산에 밝아 도박으로 생계를 유지했다. 그러나 그다지 큰 돈을 딴 것은 아니었다. 괴팍한 성격으로 인해 많은 사람들로부터 사기꾼이라는 비난을 받았으며, 방탕한 생활로 인해 병고에 시달렸다. 한번은 도박할 때 상대가 속임수를 썼다고 해서 상대의 얼굴에 칼로 상처를 내기도 했다.

그렇지만 카르다노는 도박으로 돈을 딸 수 없다는 것을 자각하고 있었다. 그는 〈도박꾼은 아예 도박을 하지 않는 것이 최대의 이익이 된다〉라는 말을 남기기도 했다.

카르다노는 대학자로서의 영예를 누렸지만 마지막 자신의 죽음을 예언하고 그 예언에 맞추기 위해 단식으로 자살했다.

55
추첨 번호는 잇닿은 것이 좋은가 그렇지 않은가

우리는 종종 여러 가지 추첨을 하게 된다. 추첨에서 표의 번호가 잇닿은 것이 좋은가, 아니면 잇닿지 않은 것이 좋은가? 어느 것이 당첨 기회가 큰가?

간단한 예를 보기로 하자. 어느 추첨에서 번호의 마지막 자리가 0이면 당첨되고 당첨 기회(확률)는 10%라고 하자. 추첨표를 2장 산다고 할 때 잇닿은 번호를 사면 마지막 자리의 수는 10가지 가능성이 있다. 즉 (0, 1), (1, 2), (2, 3), ···, (9, 0). 이 중 당첨되는 경우는 (0, 1)과 (9, 0)으로 확률은 20%이다. 이때 평균 당첨 수는 $1 \times 20\% = 0.2$(번)이다. 만일 잇닿지 않고 임의로 두 장 산다면 그 마지막 자리의 수는 100가지 가능성이 있다. 즉

(0, 0), (0, 1), (0, 2), ···, (0, 9)

(1, 0), (1, 1), (1, 2), ···, (1, 9)

······

(9, 0), (9, 1), (9, 2), ···, (9, 9)

이 100가지 경우에서 (0, 0)일 경우에만 두 장 다 당첨되는

데, 그 확률은 1%이다. 이 밖에 (0, 1), (0, 2), …, (0, 9), (1, 0), (2, 0), …, (9, 0) 등의 18가지 경우에도 한 장 당첨되는데 그 확률은 18%이다. 그러므로 총 당첨 확률은 1%+18%=19%로 잇닿은 번호를 사는 경우보다 1% 작다. 그러나 평균 당첨 수는 $2 \times 1\% + 1 \times 18\% = 0.2$(번)으로 잇닿은 번호를 살 때와 같다.

그러므로 두 가지 경우에 당첨되는 기회(확률)는 일치한다.

복권 당첨 확률을 높이는 방법?

복권을 여러 장 살 때 번호가 잇닿은 경우와 잇닿지 않은 경우, 당첨 확률에 차이가 없다는 것을 알았다. 그렇다면 로또 복권의 경우 〈계속해서 똑같은 번호를 사는 것과 매번 다른 번호를 사는 것 중 어느 쪽이 당첨 확률이 더 높을까?〉라는 궁금증이 있다.

〈같은 번호를 계속 사면 언젠가는 맞지 않을까?〉라는 기대감이 작용한다. 그러나 결론은 당첨 확률에 차이가 없다. 추첨기계에는 당첨된 번호를 기억하고 있다가 다음에는 안 나오게 하는 장치도 없고, 그 반대의 경우도 없다.

출산 예정인 산모가 〈그동안 딸만 10명을 낳으니 이번에는 분명 아들이겠지?〉라며 기대하는 것과 다르지 않다. 100명의 딸을 낳아도 그 다음의 확률은 또다시 50%이기 때문이다.

56
제비뽑기에서 먼저 뽑는 것이 나은가

우리는 종종 제비뽑기를 한다. 이를테면 탁구 시합에서 누가 먼저 서브를 하는가를 제비뽑기로 정한다.

그러면 제비뽑기에서 먼저 뽑는 것이 나은가?

A, B, C 세 사람이 제비뽑기를 한다. 기호 $\langle ※ \rangle$를 뽑으면 당첨이고 $\langle 0_1 \rangle$, $\langle 0_2 \rangle$를 뽑으면 꽝이다. A, B, C가 차례로 뽑는다고 하면 가능한 경우는 아래 6가지다. (아래 그림 처럼 모양이 나뭇가지와 같다고 하여 $\langle 수형도 \rangle$라고 부른다.)

첫번째 (A)	두 번째 (B)	세 번째 (C)	
※	0_1	0_2	(1)
※	0_2	0_1	(2)
0_1	※	0_2	(3)
0_1	0_2	※	(4)
0_2	※	0_1	(5)
0_2	0_1	※	(6)

이 6가지 경우 당첨의 기회(확률)는 같다. 예를 들면 (1), (2)의 경우 A가 당첨되는데 그 확률은 $\frac{1}{3}$: (3), (5)의 경우는 B가 당첨되는데 그 확률도 $\frac{1}{3}$: (4), (6)의 경우는 C가 당첨되는데 그 확률 역시 $\frac{1}{3}$ 이다. 그러므로 제비를 뽑을 때에는 서로 먼저 뽑겠다고 서두를 필요가 없다.

제비뽑기로 결정된 죽음

셜리 잭슨(Shirley Jackson, 1916~1965)이라는 미국의 여류 소설가가 〈제비뽑기(The Lottery)〉라는 소설을 1948년 발표했다. 내용을 보면,

미국의 한 작은 마을에는 제비를 뽑는 오랜 전통이 있다. 매년 제비를 뽑는 날이 되면 모든 주민들은 돌무더기 근처에 있는 마을 광장에 모였다.

제비뽑기의 규칙은 정해져 있다. 먼저 가족을 선정하고 그 가족 중에서 한 명을 뽑는다. 뽑기 상자 안에는 흰 종이를 넣고 그 중 한 장에는 검은 점을 찍어 놓았다. 그 종이를 뽑는 사람이 최종적으로 선택되는 사람이다.

그리고 선택된 사람을 광장 가운데에 세우고 나머지 주민들은 돌을 집어 그 불운한 사람이 죽을 때까지 돌팔매질을 했다. 행사가 끝나자 사람들은 각자 집으로 돌아가서 점심을 먹었다.

제비에 뽑힌 사람이 작년 한 해에 있었던 모든 고난과 불행을 짊어지고 죽었으니 올해는 평안할 것이라는 안도의 숨을 내쉬며……

정말 썸뜩한 이야기다. 2차 세계 대전에서의 나치의 유태인 학살을 떠올리게 한다. 〈누구의 잘못인가? 희생양 찾기는 결코 해결책이 아니다.〉

57
왜 같은 반 학생의 생일이 같을 가능성이 큰가

같은 반 학생들 중에 생일이 같은 학생이 언제나 있다. 믿기 어려우면 한 번 조사해 보라. 그런데 왜 그런지 말할 수 있는가? 한 반에 40~50명의 학생이 있고, 1년은 365일인데 어떻게 생일이 하루에 맞물릴 수 있는가?

우리는 먼저 〈네 사람의 생일이 하루가 아닌〉 가능성을 계산하여 보자. A의 생일이 365일 중의 어느 하루라고 하자. 그러면 그의 생일이 365가지 가능성이 있다. 두 번째 사람 B, 세 번째 사람 C, 네 번째 사람 D도 같은 상황이다. 그리하여 네 사람의 생일은 모두 365^4가지가 있을 수 있다.

그러면 생일이 같지 않다고 하면 B의 생일은 A의 생일을 제외한 나머지 364가지 가능성이 있다. 같은 원리로 C의 생일이 A, B의 생일과 같지 않다고 하면 363가지 가능성이 있고 D의 생일이 앞의 세 사람과 같지 않다고 할 때 362가지 가능성이 있다. 때문에 〈A, B, C, D 네 사람의 생일이 같지 않은〉 가능성은

$$\frac{365 \times 364 \times 363 \times 362}{365^4} = 0.98 = 98\%.$$

반대로 〈A, B, C, D 네 사람 중 적어도 두 사람의 생일이 같은 날짜〉일 가능성은

1 - 0.98 = 2%.

이제 네 사람에서 40명으로 확대하면 〈40명의 생일이 모두 같지 않을〉 가능성은

$$\frac{365 \times 364 \times 363 \times \cdots \times 326}{365^{40}} = 0.1088 = 10.88\%.$$

이로부터 〈40명 중 적어도 두 사람의 생일이 같을〉 가능성은

1 - 0.1088 = 0.8912 = 89.12%.

이로부터 알 수 있다. 만일 반에 45명이 있다면 〈적어도 두 사람의 생일이 같은 날짜〉일 가능성은 94.1%에 달하고, 50명이면 그 가능성은 97.04%에 달한다.

학생의 반에 모두 몇 명의 학생이 있는가? 〈적어도 두 사람의 생일이 같을〉 가능성이 몇 퍼센트를 차지하는지 스스로 계산하여 보라.

58
왜 농구에서 연속 득점하기 어려운가

농구는 청소년 때부터 즐겨하는 운동 중의 하나이다. 달리면서 볼을 넣는 멋진 동작은 많은 관중들의 갈채를 받는다. 그러나 볼을 연속하여 그물에 넣는 것은 쉬운 일이 아니다. 무엇 때문이겠는가?

한 사람이 볼을 넣는 명중률이 $\frac{1}{2}$, 다시 말하면 볼을 두 번 던져서 한 번 성공시킨다고 하자. 연속 두 번 볼을 던졌다면 아래와 같은 4가지 경우가 나타난다.

1. 넣는다, 넣지 못한다. 2. 넣는다, 넣는다.
3. 넣지 못한다, 넣는다. 4. 넣지 못한다, 넣지 못한다.

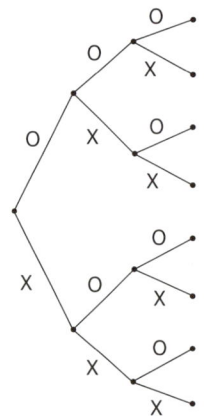

이 네 가지 경우가 나타나는 기회는 같다. 같은 원리로 연속 3번 볼을 던졌을 때 아래에 표시한 것처럼 8가지 상황이 나타난다(그림 에서 O는 넣음, X는 넣지 못함).

일반적으로 연속 n번 볼을 던졌을 때 기회가 같은 2^n가지 경우가 나타난다. 연속 볼을 넣을 수 있는 경우는 2^n가지 가운데 한 가지이다. 연속 넣을 수 있는 기회는 $\frac{1}{2^n}$이다. 10번 연속하여 볼을 던졌을 때 10번 다 그물에 넣을 수 있는 가능성은 $\frac{1}{2^{10}} = \frac{1}{1024}$ 이다. 다시 말하면 천분의 1의 기회도 되지 않는다. 이렇게 놓고 보면 매우 어렵다는 것을 알게 된다.

사람들은 잘 믿지 않을 것이다. 이 선수가 수준이 낮다고 여길 것이고 우수한 선수라면 혹시 그렇지 않다고 여길 것이다.

그러면 아래의 상황을 보자. 출전한 사람의 명중률은 $\frac{1}{2}$ 이고 연속 n번 던졌을 때 넣을 수 있는 기회는 $\frac{1}{2^n}$, 즉 $\left(\frac{1}{2}\right)^n$ 이다.

우수한 선수의 명중률이 $\frac{9}{10}$ 에 도달한다고 할 때 그가 10번 던져서 명중할 수 있는 기회는 $\left(\frac{9}{10}\right)^{10} \approx 0.34867844$, 이것은 $\frac{1}{3}$ 보다는 크지만 성공의 가능성은 절반도 되지 않는다. 이로부터 우수한 선수라 하더라도 백발백중한다는 것은 어려운 일이라는 것을 알 수 있다.

이 사실은 우리에게 매우 큰 자극을 주며 일상생활에서 많은 이치를 깨닫게 한다. 예를 들면 사격 연습할 때 연속 몇 번 명중하기는 어렵지 않지만 백발백중하는 명사수가 되자면 어렵다. 또 예를 들면 운전기사가 차를 몰 때 사고 없이 1만 km, 2만 km를 운전하는 것은 쉽지만 사고 없이 40만 km를 운전한 사람은 상당히 적다.

59
처음부터 끝까지 완전히 같은 바둑 시합이 나타날 수 있는가

바둑돌

한(漢)나라 때의 바둑판

우리는 일상적으로 바둑을 둔다. 그 많고도 많은 바둑 시합에서 처음부터 끝까지 완전히 같은 바둑 시합이 있을 수 있는가? 수학적으로 이 문제를 보기로 하자.

바둑판에는 361개의 위치가 있는데 처음 하나는 361가지 방법으로 바둑판에 놓을 수 있다. 하지만 50가지 가능성이 있다고 하자. 두 번째 돌을 놓을 수 있는 위치도 50가지가 넘지만 여전히 50가지 가능성이 있다고 하자.

이렇게 보면 검은 돌과 흰 돌을 각각 하나씩 놓는 변화는 50×50=2500가지가 있다. 흰 돌과 검은 돌을 50개씩 놓을 때 가능 가지수는 500100가지이다. 이 수는 약 170자리이다. 우리는 억, 만을 단위로 하여 이 수를 셀 수 없다. 간단한 셈을 한다고 하여도 보통 속도로 1부터 100까지 세려면 약 50초가 걸린다. 이 속도로 센다고 하여도 1000까지 세려면 500초 걸리고 1억까지 세려면 50000000초(약14000시간)가 걸리는데 하루 24시간 동안 먹지 않고 자지 않더라도 500일은 세야 한다. 한 사람이 태어나서부터 100살까지 센다고 하여도

36525일밖에 되지 않는데 100억까지도 셀 수 없다. 이것은 11개 자릿수밖에 되지 않는다. 그러나 170자리 정수는 이것보다 10159배나 더 크다. 이렇게 놓고 보면 중복되는 기회는 몇 분의 몇이나 되겠는가?

우리는 장기판 상황이 어떠한가를 다시 한 번 보자. 장기는 장기알이 그리 많지 않기 때문에 처음에는 변화가 그리 많지 않다. 그러나 점점 변화가 많아진다. 차(車)만 놓고 보더라도 좌, 우, 앞, 뒤로 열 몇 가지 놓을 수 있다. 장기알 하나를 움직이는 데 10가지 또는 20가지 변화가 있을 수 있다. 만일 쌍방이 30번씩 장기알을 움직였다면 그 변화도 1060, 즉 61자리 정수이다. 일생 동안 11자리의 정수밖에 셀 수 없는데 그 배수는 말할 수 없이 크다. 때문에 일반적으로 처음부터 끝까지 완전히 같은 장기나 바둑 시합이 될 가능성은 적고도 적은 것이다.

바둑돌은 크기가 서로 다르다

바둑의 기원은 확실하지는 않지만 중국 〈박물지(博物誌)〉에 상고시대 요(堯)나라 때 바둑을 가르쳤다는 기록이 나와 있다. 그러나 오늘날의 19줄 바둑판은 당(唐)나라 때부터 사용되었다고 한다.

바둑판의 크기는 세로 1자 5치(45.45㎝), 가로 1자 4치(42.42㎝)로 정해져 있다. 바둑돌의 크기는 흑돌은 7푼 3리, 백돌은 7푼 2리로, 흑돌이 1리(약 0.3㎜)가 크다. 그 이유는 시각적으로 흑돌이 작게 보이기 때문이다.

60
왜 두 버스를 타는 횟수가 번번이 다른가

소영이는 집 앞에 있는 101번과 105번 버스를 타고 학교까지 갈 수 있다. 101번의 첫 차는 6시에 출발하고 105번의 첫 차는 6시 12분에 출발한다. 이 두 버스는 수가 같고 소영이네 집부터 학교까지 가는 노선도 한 가지뿐이며 15분 간격을 두고 한 대씩 온다.

소영이는 거의 매일 버스를 타고 학교로 가는데 먼저 오는 버스를 탄다. 원칙대로 말하면 소영이가 이 두 버스를 타는 기회(확률)는 당연히 같아야 한다. 그러나 실제 상황은 그렇지 않다. 소영은 매번 차를 탄 상황을 기록하였는데 몇 달이 지난 후에 보니 105번 버스를 탄 횟수가 총수의 80%를 차지하고 101번 버스를 탄 횟수는 20%밖에 되지 않았다. 왜 이런 상황이 나타나는가?

원래 101번이 떠난 후 12분이 지나야 105번이 오지만 105번이 떠난 후 3분이 지나면 또 101번이 온다. 시간을 한 단계에 15분씩 몇 개 단계로 나누었을 때(소영은 어느 시간에 정류장에 도착하든지 언제나 하나의 15분 단계

에 있게 된다) 만일 소영이 전 12분의 어느 일 분에 도착하더라도 105번을 타게 될 것이고 후 3분의 어느 일 분에 도착해야만 101번을 타게 된다. 때문에 전 12분에 도착할 수 있는 기회는 $\frac{12}{15}$=80%이고 후 3분에 도착할 수 있는 기회는 $\frac{3}{15}$ =20%이다. 이것이 바로 105번을 탄 횟수가 101번을 탄 횟수의 4배가 되는 원인이다.

우리는 또 시간표를 만드는 것으로도 이 이치를 알 수 있다. 101번이 도착하는 시간이 6:00, 6:15, 6:30, 6:45, 7:00, …라고 가정하면 105번이 도착하는 시간은 6:12, 6:27, 6:42, 6:57, 7:12, …이다. 만일 소영이 6:00~6:12 사이에 정류장에 도착하였다면 105번을 탈 것이고 6:12~6:15 사이에 도착하였다면 101번을 타고 왔을 것이다. 같은 이치로 6:15~6:27, 6:30~6:42, 6:45~6:57, …은 모두 105번을 타고 올 수 있는 시간이고 6:27~6:30, 6:42~6:45, 6:57~7:00, …는 101번을 타고 올 수 있는 시간이다. 양자의 비는 4:1이다.

샐리의 법칙(Sally's law)

일종의 경험법칙에 대한 용어로 자신에게 항상 불운한 일만 연속적으로 일어난다는 머피의 법칙(Murphy's law)과 반대로 계속해서 자신에게 유리한 일만 일어난다는 것을 말한다.
1989년 제작된 미국 영화 〈해리가 샐리를 만났을 때〉라는 영화에서 여주인공 샐리에게 항상 불운한 일만 일어나다가 결국에는 행운이 찾아와 해피엔딩으로 끝난다는 것에서 유래된 말이다.

61
왜 〈세 사람이 동행하면 꼭 나의 스승이 있다〉고 하는가

공자

논어

〈세 사람이 동행하면 반드시 나의 스승이 있다(三人行必有我師 ; 삼인행필유아사)〉는 말을 들은 적이 있을 것이다. 이 말은 중국의 대학자 공자(孔子, BC 551~BC 479)가 〈논어〉에서 말한 것이다. 공자는 깊은 학식에 비해 매우 겸손하였다. 그는 임의로 두 사람(자신까지 세 사람)과 동행하면 그들 중 꼭 한 사람은 나의 스승이 될 수 있다고 자칭하였다. 이 말은 공자가 스스로 자기를 낮추어 한 말이다. 그러면 실제로는 어떠한가?

한 사람이 어느 한 면에서 다른 한 사람보다 우수하다면 그 면에서 그 사람이 다른 한 사람의 스승이 될 수 있다. 공자가 한 이 말은 이런 뜻에서 온 것이다.

우리가 한 사람의 재능을 덕(德), 지(智), 체(體)로 나눈다고 할 때 공자가 모두 우수하거나 첫자리를 차지한다면 다른 두 사람 누구도 그의 스승이 될 수 없다. 덕, 지, 체 세 면에서 공자의 이름을 배열하면 $3^3 = 27$가지 가능성이 있다.

이 27가지 가능성에서 공자가 모두 1위를 차지하는 것은 한 가지밖에 없다. 이것은 공자가 하나 또는 몇 개에서 1위를 차지하지 않는 가능성이 26가지란 얘기이다.

즉 두 사람 중 한 사람이 공자의 스승이 될 수 있는 가능성 (확률)은 $\frac{26}{27} \approx 96.3\%$이다.

이 가능성을 다른 방법으로도 계산할 수 있다. 공자가 덕에서 1위를 차지할 가능성이 $\frac{1}{3}$이고, 지에서 1위를 차지할 가능성도 $\frac{1}{3}$이다. 때문에 공자가 덕과 지에서 1위를 할 가능성은 $\frac{1}{3} \times \frac{1}{3} = (\frac{1}{3})^2 = \frac{1}{9}$이다.

계속 계산하면 공자가 덕, 지, 체에서 모두 1위를 할 가능성은 $\frac{1}{3} \times \frac{1}{3} \times \frac{1}{3} = (\frac{1}{3})^3 = \frac{1}{27}$이다.

한 사람의 재능을 덕, 지, 체로 나눈다면 너무 개략적이다. 중국의 속담에 〈360개 업종마다 장원이 나온다〉고 하였으니 우리는 한 사람의 재능을 360가지로 나누어도 무방할 것이다.

〈세 사람이 동행하면 꼭 나의 스승이 있게〉되는 가능성을 다시 한 번 계산하여 보자. 임의의 업종에서 다른 두 사람 다 공자를 초과할 수 없는 가능성은 $99\% \times 99\% = 98.1\%$이고 360개 업종 중 다른 두 사람이 공자를 초과할 수 없는 가능성은 $(98.1\%)^{360} \approx 0.07\%$이다. 다시 말하면 다른 두 사람 중 어느 한 사람이 어느 업종에서 공자를 초과할 수 있는 가능성은 $1 - (98.01\%)^{360} \approx 99.93\%$이다.

위의 예로부터 알 수 있듯이 〈세 사람이 동행하면 꼭 나의 스승이 있다.〉는 말은 매우 일리가 있는 것이다.

62
어떻게 수학으로 광고의 효과성을 평가하는가

우리는 늘 신문 광고, 텔레비전 광고, 라디오 광고와 접하게 된다. 우수한 광고는 어떤 요구에 부합해야 하는가? 해외 광고계에서는 아래와 같은 5가지 요점으로 귀납하였다. 〈주의력 흡인(Attention), 흥미의 자극(Interest), 구매 욕망을 일으키다(Desire), 구매 촉진(Action), 구매 후 만족(Satisfaction)〉

이것의 첫 글자를 연결하면 〈*AIDAS* 공식〉이 구성된다. 이 외에 광고는 진실성, 간단 명료성, 상대성과 생동성이 있어야 한다. 이런 광고여야 효과를 볼 수 있다.

어떻게 수학적 방법으로 광고의 효과를 평가할 것인가? 여기에는 〈광고 효과법〉이 있다. 그것은 상품 판매량의 변화에 의하여 광고의 실제 효과를 측정하는 수학적 방법이다. 그 계산 공식은

$$R = \frac{(S_2 - S_1)P_1}{P_2}$$

여기서 R은 광고 효익(1원의 광고비를 내고 실제 얻은 수입)이고 S_2는 광고를 한 후의 평균 판매량, S_1은 광고하기 전

의 평균 판매량, P_1은 상품의 단가, P_2는 광고에 든 비용이다.

예를 들면 한 업체에서 광고를 낸 후 한 달의 판매량이 8000개이고 광고하기 전에 한 달의 판매량은 6000개, 매달 평균 지불한 광고비가 5000원이고 상품의 단가가 1000원일 때 위의 공식에 의하여 계산하면

$$R = \frac{(8000 - 6000) \times 1000}{5000} = 400(원).$$

다시 말하면 1원의 광고비로 한 달에 400원의 수입을 얻게 되었다.

이런 계산 방법은 정상적인 상황에 근거해 계산한 것으로, 시장 물가의 변동 등의 영향은 고려하지 않았다.

광고 속 시계의 비밀

지면이나 TV광고 속에 나오는 시계의 시간을 유심히 살펴 보면 시계바늘이 대부분 10시 10분을 가리키고 있다는 것을 알 수 있다. 그렇다면 그 이유는 무엇 때문일까? 정답은 앞서 배운 바 있는 황금비율의 사각형 각도이기 때문이다.

또한 TV 자체가 황금비로 만들어져 있다. 그 TV 안에서도 광고하려는 제품 또한 가로, 세로의 황금비가 적용되는 자리에 배치함으로써 소비자가 그 제품을 볼 때 가장 아름답고 안정적인 느낌을 갖게 만든다.

63
어떻게 수학적 방법으로 마음에 드는 상품을 고를 것인가

우리는 상품을 구매할 때 어떻게 마음에 드는 상품을 고르겠는가?

이른바 마음에 드는 상품의 표준은 매우 많은데 고객을 놓고 말하면 상품의 좋고 나쁨은 다음과 같은 세 가지 표준이 있다. 첫째는 상품의 질이고, 둘째는 상품의 외관이며, 셋째는 상품의 가격이다. 그런데 이 세 가지를 종종 다 고려할 수는 없으며 고객의 심리도 차이가 있다. 어떤 고객은 외관을 추구하며, 또 어떤 고객은 가격을 중요시한다. 여기서 우리는 고객의 마음속에 이미 일정한 표준이 있다고 가정하면, 두 가지 상품 가운데 좋고 나쁨을 구분할 수 있다.

n개의 상품이 있다고 하자. 보통 방법은 두 개씩 골라 비교하는 것이다. 두 개를 골라 비교한 다음 두 개를 바꾸어서 비교한다. 이와 같이 하여 제일 좋은 것을 고를 때까지 비교하는 것이다. 두 개씩 비교하여 상품을 고를 때 비교 횟수가 적을수록 좋다. 그러면 n개의 상품에서 제일 좋은 상품을 고르려면 몇 번 비교해야 하는가? 서술의 편리를 위하여 우리는 그 횟수를

$f(n)$로 표시한다.

$n=2$이면 즉 두 개의 상품에서 하나의 좋은 것을 고르니 한 번만 비교하면 된다. 때문에 $f(2)=1$이다.

$n=3$이면 두 개를 골라 비교한 후 나은 것과 나머지 하나를 비교하면 제일 우수한 것을 고를 수 있으므로 두 번 비교하면 된다. 즉 $f(3)=2$이다.

상품이 n개 있을 때 위의 방법대로 비교하면 비교하는 횟수는 $n-1$번이다. 그런데 이 방안으로 비교한 횟수가 꼭 $f(n)$보다 작다고 말할 수 없다. 때문에 $f(n) \leq n-1$.

지금 한 가지 방안이 있는데 $f(n)$번 비교하면 된다고 하자. 그러면 언제나 그 두 개로부터 시작하고 하나를 탈락시킨 후에 나머지 $n-2$개와의 최소 비교 횟수는 $f(n-1)$인데, 한 차례 비교한 것을 제외한 나머지 비교 방안은 $n-1$개 상품에서 우수한 것을 고르는 한 가지이다. 따라서 $f(n)-1 \geq (n-1)$ 즉 $f(n) \geq f(n-1)+1 \geq f(n-2)+1+1 \geq f(n-3)+3 \geq \cdots \geq f(n(n-2))+n-2 = f(2)+n-2 = 1+n-2 = n-1$이다.

앞에서 우리는 $f(n) \leq n-1$임을 알았고 지금은 또 $f(n) \geq n-1$이므로 $f(n) = n-1$이다. 다시 말하면 n개의 상품에서 제일 우수한 것을 하나 고르자면 적어도 $n-1$번 비교해야 한다.

64
왜 〈수학 기댓값〉을 고려해야 하는가

 기업가가 투자를 하다 보면 위험에 부딪치게 된다. 예를 들어 A에 투자하여 성공하면 100만 원의 이익을 얻지만 성공률은 80%밖에 되지 않는다. B에 투자하여 성공하면 80만 원의 이익을 얻지만 성공률은 90%이다. 그렇다면 이 둘의 이익과 손해를 어떻게 비교할 것인가? 여기서 〈수학 기대값〉이 쓸모 있게 된다.

 성공 목표 값에 성공 가능성을 곱한 것을 기대값이라고 한다. 위의 예에서 A와 B의 기대값은 각각

 A : 100만 원×80%=80만 원,

 B : 80만 원×90%=72만 원.

 따라서 A항목에 투자하는 게 기대값이 높다.

 수학의 기대값 문제는 일상생활에서 늘 부딪치는 일이다.

 거리에 나가면 우리는 〈XX복권〉, 〈YY복권〉이라고 쓴 광고를 보게 된다. 예를 들어 〈XX복권〉에서는 〈1등 3억 원의 상금이 당신을 기다리고 있다〉고 광고를 하고 〈YY복권〉에서는 〈1등 상금이 1억 원인데 상을 탈 기회가 많다〉고 광고를 한다. 그렇다면 어느 복권을 사는 것이 유리하겠는가? 이때 수

학 기대값을 계산하여 보면 된다.

종류	당첨금	당첨 가능성	기대값 = 당첨금×가능성
XX복권	3억 원	2000000장 복권에서 1등 당첨 가능성 $\frac{1}{2000000}$	3억 원 × $\frac{1}{2000000}$ =150원
YY복권	1억 원	500000장 복권에서 1등 당첨 가능성 $\frac{1}{500000}$	1억 원 × $\frac{1}{500000}$ =200원

표의 계산을 통하여 학생들은 어느 것이 수학 기대값이 더 큰가를 알아낼 수 있다.

수학 기대값은 위험의 크기를 가늠하고, 투자 경영에 합리적인 결재를 하게 한다.

기대(The Expectation) - 구스타프 클림트

오스트리아 출신의 화가로 동양적인 장식미와 금박, 은박, 수채 등 독창적인 기법으로 관능적인 여성을 주제로 많은 작품을 남긴 구프타프 클림트(Gustav Klimt, 1862~1918)의 대표작으로는 〈키스(Kiss)〉가 유명하다. 그의 작품들이 해외 전시를 하지만 유일하게 〈키스〉는 절대로 국외 반출이 안 된다고 한다. 많은 사람들이 〈키스〉 단 한 작품을 보기 위해 기꺼이 빈미술사 미술관을 찾는다고 한다.

그의 작품 중 〈기대〉 또한 유명한 작품인데, 이집트인으로 보이는 여성이 무언가를 기대하는 표정으로 서 있다.

키스   기대

65
공장에서 정비원을 얼마나 두어야 가장 합리적인가

공장에는 관리 부문, 생산 부문, 판매 부문 외에 정비 부문이 있는데 기계 설비에 고장이 생기면 곧 정비할 수 있어 손실을 줄일 수 있기 때문이다. 공장에서 정비원을 너무 많이 두면 낭비이고 너무 적게 배치하면 기계 정비를 제때에 하지 못하여 생산에 영향을 주게 된다. 정비원을 몇 명 안배해야 하는가?

이것은 공장의 구체적 형편에 의해 결정해야 한다. 예를 들어 공장에 100대의 기계가 있다고 할 때 기계가 고장 나는 횟수(대수), 상응한 가능성(확률)은 다음과 같다.

고장나는 수	0	1	2	3	4	5
가능성(%)	70	15	8	4	2	1

고장 난 한 대의 기계를 정비하는 데 1명의 정비원이 하루 동안 일해야 하고, 제때에 정비하지 못하면 1,000원의 손실을 보며, 정비원 한 명의 임금은 35원이라고 가정하자. 매일 고장 나는 횟수로부터 1명에서 5명이 정비원이 필요하다는 것을 알 수 있다. 1~5명의 정비원을 두었을 때 공장에서 매일 지불

해야 할 금액(손실을 포함)을 계산하여 보자. 고장 났으나 제때에 정비하지 못하는 기계 수효와 가능성은 다음과 같다.

기계수효	0	1	2	3	4
가능성(%)	85	8	4	2	1

평균 손실은
$1000 \times (1 \times 8\% + 2 \times 4\% + 3 \times 2\% + 4 \times 1\%) = 260$(원).
공장에서 매일 평균 지불할 돈 A_1은
$A_1 = 35 + 260 = 295$(원).
같은 방법으로 각각 2, 3, 4, 5명의 정비원을 배치했을 때 공장에서 지불해야 할 돈은

2명의 정비원 :
$A_2 = 35 \times 2 + 1000 \times (1 \times 4\% + 2 \times 2\% + 3 \times 1\%) = 180$(원)

3명의 정비원 :
$A_3 = 35 \times 3 + 1000 \times (1 \times 2\% + 2 \times 1\%) = 145$(원)

4명의 정비원 :
$A_4 = 35 \times 4 + 1000 \times (1 \times 1\%) = 150$(원)

5명의 정비원 :
$A_5 = 35 \times 5 = 175$(원)이다.

위의 결과로부터 3명의 정비원을 두었을 때 지불하는 임금과 손실이 제일 적다. 때문에 3명의 정비원을 안배하는 것이 가장 합리적이다.

66
공장에서 정비원을 어떻게 두어야 가장 합리적인가

공장에 A, B의 두 가지 업무 부서가 있고, 각각에 100대의 기계가 있으며, 기계가 고장 나는 비율 및 일하지 못해 빚어지는 손실과 정비원의 임금은 여전히 앞 페이지에서 살펴 본 것과 같다고 하자. 각각의 업무에 3명의 정비원을 두면 공장에서 보는 평균 손실과 정비원에게 지불하는 임금은 제일 적어진다. 이때 두 업무의 총 평균 손실은

$1000 \times (1 \times 2\% + 2 \times 10\%) \times 2 = 80$(원)이다.

이 외에 6명의 정비원에게 이 두 업무의 200대 기계를 공동으로 책임지고 정비하게 하는 방법이 있다. 200대의 기계가 매일 고장 나는 횟수와 가능성을 계산해 보자.

고장 나지 않을 가능성은

$70\% \times 70\% = 49\%$이다.

고장난 1대의 기계는 A부서의 것일 수도 B부서의 것일 수도 있다. 총 가능성은

$70\% \times 15\% + 15\% \times 70\% = 21\%$이다.

2대의 기계가 고장 났다면 모두 A부서의 것일 수 있고, 모

두 B부서의 것일 수도 있으며, 각각 한 대씩 고장 났을 수도 있다. 따라서 총 가능성(확률)은

$80\% \times 70\% + 70\% \times 80\% + 15\% \times 15\% = 13.5\%$이다.

이런 식으로 각 가능성을 계산해서 아래 표에 기록한다.

고장나는 수	0	1	2	3	4	5	6	7	8	9	10
가능성(%)	49	21	13.45	8	4.64	2.64	0.78	0.32	0.12	0.04	0.01

공동으로 6명의 정비원을 배치했을 때 총 평균 손실은

$1000 \times (1 \times 0.32\% + 2 \times 0.12\% + 3 \times 0.04\% +$

$4 \times 0.01\%) = 7.2$(원)이다.

따라서 두 번째 방법으로 정비원을 안배하는 것이 더 합리적임을 알 수 있다.

위의 계산으로 우리는 두 번째 방법으로 정비원을 배치하면 임금도 절약할 수 있을 뿐만 아니라 일하지 못해 보는 손실도 줄일 수 있고 사업 효율도 크게 높일 수 있다는 것을 알 수 있다.

67
어떻게 설비를 정기적으로 검사하는가

한 제약회사 공장에서 한 대의 포장 기계로 포도당을 포장하는데, 하나의 포도당주머니는 500g이다. 기계가 정상적일 때 포도당주머니의 중량은 500g이다. 하지만 여러 원인으로 오차가 생기는데 ±5g이다. 매일 일을 시작하기 전에 기계를 정기적으로 검사하는데, 검사는 어떻게 하는 게 효율적인가?

일을 시작하기 전에 포장 기계가 정상인가를 검증하기 위해 포도당 10주머니를 포장한 다음 각 중량을 달아 보았는데 결과는 다음과 같다.(단위 : g)

496, 506, 508, 498, 492, 495, 511, 503, 500, 491

기계가 정상인지 알 수 있는가? 검사하는 방법은 10주머니의 포도당 평균 무게와 표준 편차를 계산하여 정상적인 범위 내에 있는가를 본다. 포도당 10주머니의 평균 무게는 500g이고 평균 오차는 각각(단위 : g) 다음과 같다.

-4, 6, 8, -2, -8, -5, 11, 3, 0, -9.

그러므로 표준 편차는

$$\sigma = \sqrt{\frac{1}{10}[(-4)^2 + 6^2 + 8^2 + \cdots + 0^2 + (-9)^2]} \approx 6.48(g)$$이다.

이것은 규정 표준 편차를 초과해서 기계가 고장이 생겼다고 말할 수 있다.

공장에서는 검사할 때의 각종 불확실성을 배제하여 불필요한 손실을 조성하지 말아야 한다. 기계가 고장 나지 않았는데 검사 후 고장이 나서 수리를 한다면 정상적인 생산에 지장을 주며, 기계의 고장을 사전에 발견하지 못하고 생산한다면 불합격품이 나오게 되는데, 이것이 손실이다.

검사를 하면서 이런 착오를 완전히 피하기는 어렵지만 가능한 한 이런 착오를 범할 가능성을 적게 하고 일정한 범위 내로 통제해야 한다. 이를 위하여 표준 편차의 상하 한계를 설정해야 하는데, 포도당 10주머니의 표준 편차가 위의 한계를 초과했다면 기계가 고장 난 것으로 인정하고 수리해야 하며, 표준 편차가 아래 한계보다 낮으면 기계가 정상이라고 인정하고 수리하지 않아도 되며, 표준 편차가 상하 한계 사이에 있으면 기계가 고장 났는지 단언할 수 없으므로 정밀 검사를 해야 한다.

표준 편차의 상하 한계는 통제하려는 백분비와 관계된다. 예를 들어 검사해서 문제가 생길 수 있는 가능성을 20% 이내로 통제하면 검사에서 상하 한계는 각각 $6.06g$과 $3.23g$인데 $6.48 > 6.06$이므로 기계가 고장이 생겼다고 인정하고 수리해야 하며, 그 가능성이 10%이면 상하 한계가 $6.50g$과 $2.88g$으로 변하는데, 이때 $2.88 < 6.48 < 6.50$이므로 곧 결론을 내릴 수 없고 더 정밀하게 검사해야 한다.

68
부속품의 공급소를 어디에 세우면 제일 좋은가

한 생산 라인에 3대의 기계가 움직이고 있는데 부속품 공급소 A를 세워 3대의 기계에서 A까지 거리의 합이 가장 짧게 하려고 한다. A를 어느 곳에 두어야 하는가?

우리는 A를 기계 ②에 두면 제일 적합하다고 단언할 수 있다. 무엇 때문인가?

A를 b에 놓는다고 하면 ①과 ③의 거리의 합이 a에서 c까지와 같다. 그러나 A를 다른 곳(예를 들어 그림 1 x점)에 두면 ①과 ③은 여전히 a에서 c까지이고, ②는 b에서 x까지를 더 걸어야 한다. 따라서 A를 b에 놓는 것이 제일 올바르다.

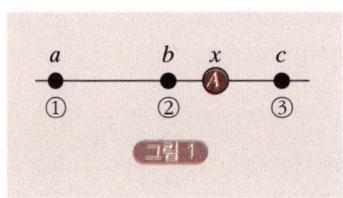

그림 1

그렇다면 생산 라인에 두 대의 기계가 있을 때 A를 어디에 놓아야 하는가? A는 a와 b 사이 어느 곳에 놓아도 상관이 없다(그림 2). 그것은 ①과 ②의 합은 a에서 b에 이르는 구간이기 때문이다.

이 문제를 좀 더 넓혀보자.

생산 라인에 5대 또는 6대의 기계가 있다면 A를 어디에 두어야 하는가? 일반적으로 n대의 기계가 있다면 A를 어디에 앉

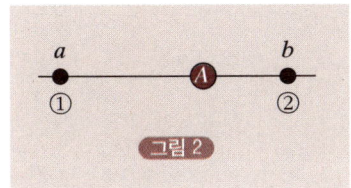

혀야 하는가?

   답은 다음과 같다. $n=5$일 때 A는 중간 위치인 기계 ③에 두어야 하고, $n=6$일 때 A는 기계 ③과 ④ 사이에 놓아야 한다(그림 3).

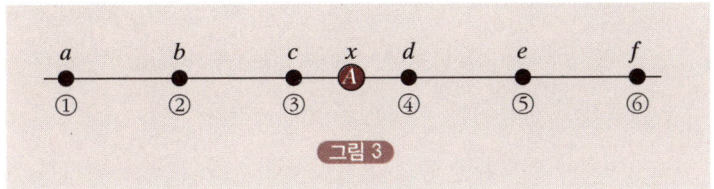

   n이 홀수이면 A는 $\dfrac{(n+1)}{2}$ 대인 위치에 놓아야 하며,

   n이 짝수이면 A는 $\dfrac{n}{2}$ 번째와 $\dfrac{n}{2}+1$번째 사이에 놓는다.

이유는 스스로 분석해 보라.

69
왜 동전을 여러 번 던지면 앞과 뒤가 나오는 횟수가 비슷해지는가

2006 독일 FIFA 월드컵에서 심판이 킥오프를 위해 사용한 공식 동전

축구 경기를 시작하기 전에 심판이 동전을 던져서 위치를 가린다. 여기에 굳이 이의를 제기하는 팀은 없다. 왜냐하면 많은 경기에 참가하다 보니, 선택한 횟수가 대체로 비슷하다는 것을 알기 때문이다. 이것은 무엇 때문인가?

여기에는 확률과 통계 법칙이 작용한다. 동전을 던지기 전에 우리는 어떤 결과가 나올지 모른다. 그러나 결과와 법칙은 알고 있다.

동전의 앞면이 위로 향하는 것을 사건 A, 뒷면이 위로 향하는 것을 사건 B라고 하자. 한 번 던져서 어떤 결과가 나올 가능성을 확률이라 하고 $P(A)$ 또는 $P(B)$로 적으면, 여러 번 던져서 나오는 법칙을 통계 법칙이라고 한다.

구체적인 계산을 통하여 이 법칙을 똑똑히 알 수 있다. 동전이 균일하다고 가정하면 한 차례 실험에서 A와 B가 발생할 가능성은 같다. 즉 $P(A) = P(B) = 0.5$이다. 두 번 던져서 나오는 상황은 4가지인데, 다음과 같다.

$(A, A), (A, B), (B, A), (B, B)$

$P(A$가 두 번 나올 확률$)=0.25,$

$P(A$가 한 번 나올 확률$)=0.5,$

$P(A$가 나오지 않을 확률$)=0.25$이 된다.

유사한 방법으로 만일 동전을 10000번 던진 후 A가 4900 ~ 5100번과 4800 ~ 5200번 발생하는 확률은 대개 다음과 같다.

$P(4900 \leq nA \leq 5100) \approx 84.26\%,$

$P(4800 \leq nA \leq 5200) \approx 99.54\%.$

상응하게 확률을 계산하면

$P(0.49 \leq fn(A) \leq 0.51) \approx 84.26\%,$

$P(0.48 \leq fn(A) \leq 0.52) \approx 99.54\%.$

이런 실험을 해본 사례가 많은데 몇몇 결과를 적어보면 표와 같다.

실 험	n_A	n_A	$fn(A)$
A	2048	1061	0.5181
B	4040	2048	0.5069
C	12000	6019	0.5016
C-1	24000	12012	0.5005

70
왜 확률로 π의 근사치를 구할 수 있는가

면적이 $1\,m^2$인 정사각형 종이에 반지름이 $1m$인 원(그림)을 그리면, 그 원은 정사각형의 네 변과 각각 한 점에서 접하는데 면적은 $\pi \cdot \left(\dfrac{1}{2}\right)^2 = \dfrac{\pi}{4}$이다.

다음과 같은 실험을 해보자. 손에 참깨를 한줌 쥐어서 종이에 한 알씩 아무렇게나 떨어뜨려라. 그리고는 참깨를 몇 번 떨어뜨렸는가, 동그라미 안에 들어간 참깨는 몇 알인가를 기록한다. 〈원 안에 떨어진 참깨의 수〉를 〈종이에 떨어뜨린 참깨의 수〉로 나누면 원의 면적이 나온다.

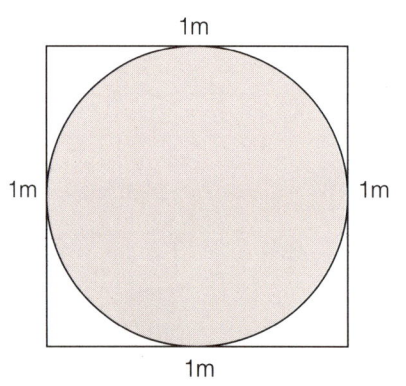

예를 들어 참깨를 2000번 떨어뜨렸는데 1572번이 원 안에 떨어졌다면, 면적은 $1572 \div 2000 = 0.786\,(m^2)$가 된다. 이것은 원의 면적 $\dfrac{\pi}{4}$에 매우 근접한 값이다.

이로부터 원주율 π의 근사치 $4 \times 0.786 = 3.144$를 얻을 수 있다. 만일 참깨를 떨어뜨린 횟수가 더 많아진다면 답은 더 정확해진다.

이 실험이 이상하고 근거가 없는 것처럼 보이지만 전혀 그 근거가 전혀 없는 것은 아니다.

기회(확률) = $\dfrac{\text{원의 면적}}{\text{정사각형의 면적}}$ 이라는 것을 안다.

원의 면적 = 참깨가 원 안에 떨어지는 확률

= $\dfrac{\text{참깨가 원 안에 떨어진 횟수}}{\text{참깨를 떨어뜨린 횟수}}$ 이다.

이처럼 우연현상의 경과를 관찰해 수학적 문제를 해결하는 방법이 〈몬테카를로법〉이다. 〈몬테카를로법〉은 직접 해보기 까다로운 문제를, 예를 들어 원자폭탄과 수소폭탄의 핵폭발 모의실험 등의 핵반응 연구에 널리 쓰여 왔다.

스타니스와프 마르친 울람

몬테카를로법

몬테카를로법(Monte Carlo method)은 물리적 또는 수학적 시스템의 행동을 시뮬레이션하기 위한 계산 알고리즘으로, 폴란드계 미국인 수학자인 스타니스와프 마르친 울람(Stanislaw Marcin Ulam, 1909~1984)이 모나코의 도박 도시 몬테카를로의 이름을 본따 명명하였다. 2차 세계 대전 당시 뉴멕시코에서 진행되던 미국의 핵무기 개발 프로젝트인 맨해튼 계획에서 이 방법으로 모의 핵실험을 하였다.

3장. 수학여행 — 통계와 확률의 재미 속으로

71
어떻게 수학 계산으로 전투를 대치할 수 있는가

수학으로 모의 전쟁을 할 수 있는가?

모의 전쟁을 하는 가장 적절한 게임은 장기이다. 장기는 황제, 왕, 장군과 대신, 차와 말, 병사들의 모의물이다. 1996년 미국의 대형 컴퓨터가 세계 장기 우승자를 이겼다. 이것은 수학적으로 입력한 〈전쟁〉 규칙이 이겼다는 뜻이다.

진짜 사람과 총을 가지고 하는 군사 연습은 대량의 인력과 물력을 허비하는 동시에 실전에 대비해서 실시하는 연습이므로 진짜로 〈죽거나 다치는 일〉이 있을 수 없다. 그래서 모의 군사 연습을 한다. 오래 전부터 군사전문가들은 가상의 군사 실험이 있기를 희망했다.

그것이 이루어진 것은 1950년 이후 컴퓨터가 탄생하면서부터이다. 가상의 전쟁은 다음의 방식을 따른다.

1. 군사 전문가들이 전투 계획을 짜고, 수학자들이 수학 모형을 만든다.
2. 각종 숫자적 자료(인원, 무기, 포화, 후방 등)을 입력한다.

3. 쌍방 지휘관의 명령에 따라 실행하고 계산된 수치로 결과를 관찰한다.
4. 결과를 분석하고 토론한다.

요한 폰 노이만

많은 청소년들은 스타크래프트와 같은 컴퓨터(전투) 게임을 한 적이 있을 것이다. 이러한 게임은 모의 전투와 비슷한 점이 있다.

1944년 요한 폰 노이만(Johann Ludwig von Neumann, 1903~1957)은 원자폭탄의 설계를 하면서 컴퓨터를 이용하여 중성자의 확산을 계산하여서 군사 연구에 컴퓨터 모의 기술을 적용하기 시작하였다.

요즘은 원자폭탄의 실험을 금지하고 있다. 그래서 원자폭탄의 실험을 컴퓨터 모의 기술로 하고 있다. 오늘날엔 자동차의 설계에서 최신형의 보잉 777형 대형 여객기의 설계와 유도탄의 발사, 강철 제련에서 환경 분석에 이르기까지, 컴퓨터로 모의실험을 하고 있다. 컴퓨터 모의실험은 시간적, 금전적으로 많은 도움을 주고 있다.

맨해튼 계획(Manhattan Project)

제2차 세계 대전 중 미국이 수행한 최초의 핵무기 개발 계획의 암호명이다. 1945년 3개의 핵폭탄이 만들어졌다. 첫번째 폭탄은 7월 16일 뉴멕시코주에서 최초의 핵실험인 〈트리니티(Trinity : 성부, 성자, 성령의 삼위일체라는 뜻)〉시험(그림)이 시행되었다. 폭탄이 떨어진 장소는 〈그라운드 제로(ground zero : 폭발이 있었던 지표의 지점을 뜻함)〉가 되었다. 두 번째는 8월 6일 일본의 히로시마에 투하, 세 번째는 8월 9일 일본의 나가사키에 투하되었다.

4장 수학여행 –
생활 속 수학이야기의 재미로

72_ 차 바퀴는 왜 둥근가
73_ 왜 〈말〉은 장기판 위에서 어느 위치에나 갈 수 있는가
74_ 달력을 보지 않고 어떻게 어느 날이 무슨 요일인가를 아는가
75_ 상점에서는 상품을 한 번에 얼마나 들여와야 가장 합리적인가
76_ 상점에서는 어떻게 구입하는 상품의 질을 통제하는가
77_ 왜 포장한 식료품의 무게를 ㅇㅇg±ㅇg으로 표시하는가
78_ 왜 큰 단위 상품이 작은 단위 상품을 사는 것보다 유리한가
79_ 전화번호를 일곱 자릿수에서 여덟 자릿수로 늘리면
　　사용 세대는 얼마나 증가하는가
80_ 왜 숫자적 자료로 도표를 그릴 수 있는가
81_ 어떤 방법으로 저금 금리를 계산하는가
82_ 물건 구입 후 할부로 지불하는 계획을 어떻게 세울까

72
차 바퀴는 왜 둥근가

차 바퀴는 왜 둥근가? 이것은 간단한 게 아닌가, 둥근 바퀴는 두르르 굴러갈 수 있지 않은가! 모났거나 삼각형으로 된 바퀴가 굴러가는 걸 본 적이 있단 말인가라고 말할 수도 있다.

이 말은 틀리진 않지만 아무래도 설득력이 약하다. 왜냐하면 이것은 감각과 경험에 따라 말한 것일 뿐 원의 성질로 원인을 찾아내지 못했기 때문이다.

원은 어떤 중요한 성질을 가지고 있는가?

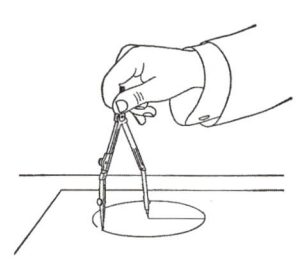

원을 그릴 때 컴퍼스를 꽂는 점을 원의 중심이라고 한다. 원 위의 임의의 한 점에서 원의 중심까지의 거리는 모두 같다. 이 같은 거리를 반지름이라고 한다. 이것이 바로 원의 중요한 성질이다.

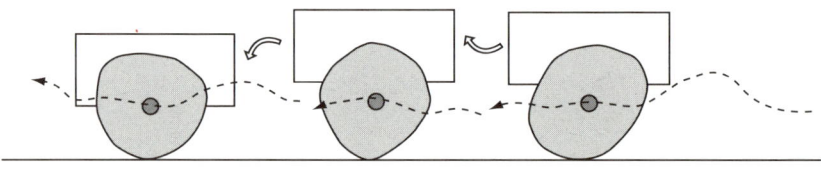

차 바퀴를 원형으로 만들고 차축을 원의 중심에 조립하면, 차 바퀴가 지면에서 구를 때 차축과 지면의 거리는 언제나 차 바퀴의 반지름과 같다. 그러므로 차에 앉은 사람은 모두 편안하게 간다. 그러나 차 바퀴의 모양이 원형이 아니고 바퀴의 변두리가 들쭉날쭉한 경우, 즉 바퀴에서 원의 중심까지가 같지 않다면, 이런 차가 굴러갈 때 차에 앉은 사람은 어지러움을 느끼게 될 것이다.

　차 바퀴를 둥글게 하는 데는 또 다른 원인도 있다. 예를 들어 물건을 굴리면 밀 때보다 힘이 적게 든다. 굴림 마찰력이 미끄럼 마찰력보다 작기 때문이다.

아들을 위해 바퀴를 만든 사람

　세계에서 가장 오래된 바퀴는 기원 전 3500년경 메소포타미아의 유적에서 발굴된 전차용 바퀴로 통나무를 둥글게 자른 원판형이다. 비슷한 시기에 인도나 중국에서도 사용된 것으로 보인다.
　그렇다면 최근까지도 이용되고 있는 현대적인 바퀴는 무엇인가? 그것은 공기를 넣은 고무타이어의 등장이다.
　영국 스코틀랜드의 수의사인 존 보이드 던롭(John Boyd Dunlop, 1840~1921)이 10살된 아들을 위해 삼륜자동차를 개량하다가 기존의 고무덩어리 바퀴 대신에 압축공기를 넣은 고무타이어를 발명하게 되었고, 1888년 특허를 내어 공업화하였다.

73
왜 〈말〉은 장기판 위에서 어느 위치에나 갈 수 있는가

장기에서 〈말(馬)〉은 〈일(日)〉자로 간다. 그러나 재미있는 것은 〈말〉이 장기판 위의 모든 위치에 어디든지 갈 수 있다는 것이다. 이 결론은 아주 간단하게 증명할 수 있다.

〈말〉이 장기판 위의 서로 인접한 두 위치에 갈 수 있다면 〈말〉은 꼭 장기판 위의 모든 위치에 다 갈 수 있다. 그림 1 에서와 같이 〈말〉의 시작 위치가 A점이고 인접한 B점으로 간다고 가정하자. 그러면 A 또는 B를 정점으로 하여 장기판 위에서 〈전(田)〉자의 구역을 취할 수 있다. 〈말〉이 〈전〉자의 구역

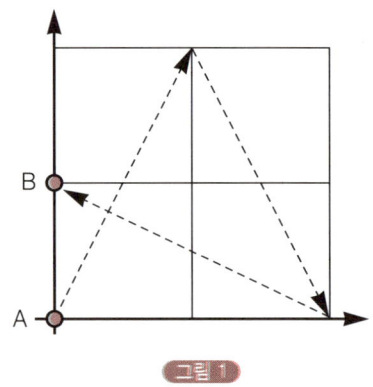

그림 1

내에서 규칙에 따라 간다면 A로부터 B까지 갈 수 있다. 이 구역은 그림1 에 표시한 두 가지 상황 또는 이것들의 대칭도형이다.

이 밖에 그림2 에서 〈말〉이 A로부터 B에 가는 경우와 그림1 에서 B로부터 A로 가는 경우는 같다. 그것은 〈말〉의 길은 가역적이기 때문이다. 따라서 그림1 의 경우만 고려하고 직각 좌표계를 끌어들이면, 이 문제는 쉽게 풀리는 것이다. 〈말〉이 $A(0, 0)$로부터 $B(0, 1)$까지 가는 것은 세 절차로 완수된다.

$A(0, 0) \rightarrow (1, 2) \rightarrow (2, 0) \rightarrow B(0, 1)$.

따라서 〈말〉이 장기판 위의 모든 위치에 다 갈 수 있다는 것은 증명되었다.

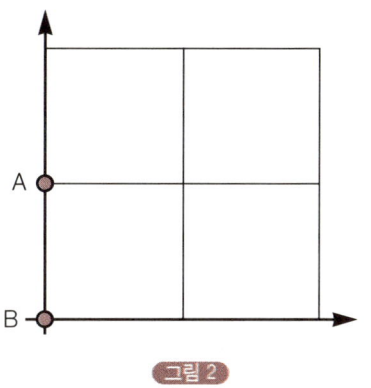

그림 2

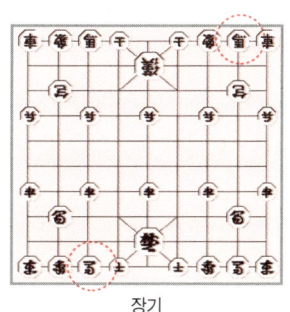

장기

4장. 수학여행 — 생활 속 수학이야기의 재미로

74
달력을 보지 않고 어떻게 어느 날이 무슨 요일인가를 아는가

어느 중요한 날 또는 미래의 어느 날이 무슨 요일인가를 알려고 할 때 달력을 뒤져 보지 않고 계산해낼 수 있는가?

사실상 많은 공식이 모년 모월 모일이 무슨 요일인가를 계산하는 데 쓰인다.

예를 들면

$$S = x - 1 + \left[\frac{x-1}{4}\right] - \left[\frac{x-1}{100}\right] + \left[\frac{x-1}{400}\right] + C.$$

여기서 x는 연도, C는 1월 1일부터 세기 시작해서 어느 날(이 날을 포함)까지의 날수, 중괄호는 정수만을 취한다. S를 구한 후 7로 나눈 나머지가 이 날이 무슨 요일인가를 표시하는데, 나머지가 0이면 일요일이고 나머지가 1이면 월요일, 나머지가 2이면 화요일, … 이와 같이 하면 된다.

(예1) 1921년 7월 1일 이 날은 무슨 요일인가?
위의 공식에 따르면

$$S = 1921 - 1 + \left[\frac{1921-1}{4}\right] - \left[\frac{1921-1}{100}\right] + \left[\frac{1921-1}{400}\right] +$$
$$(31+28+31+30+31+30+1)$$
$$= 1920 + 480 - 19 + 4 + 182$$
$$= 2567$$

7로 2567을 나누면 나머지가 5, 그러므로 1921년 7월 1일은 금요일이다.

위의 공식은 약간의 결함이 있는데, 월과 일을 직접 공식에 대입하는 것이 아니라 이 날은 몇 번째 날인가를 계산해서 대입한다.

독일의 수학자 크리스티안 제라(Julius Christian Johannes Zeller, 1824~1899)가 발표한 아래의 〈제라의 공식〉은 이런 불편함을 피하였다.

$$W = \left[\frac{c}{4}\right] - 2c + y + \left[\frac{y}{4}\right] + \left[\frac{26(m+1)}{10}\right] + d - 1.$$

여기서 c는 년도의 앞의 두 자릿수, y는 년도의 뒤 두 자릿수, m은 월인데 1월과 2월은 각각 전해의 13월과 14월로 보며 d는 일수이다. 이 공식에 따라 W를 구한 후 7로 나누어 그 나머지를 얻으면 곧 무슨 요일인가를 알 수 있다.

이 공식으로 1921년 7월 1일이 무슨 요일인가를 구하고 (예1)과 비교해 보아라.

(예2) 1949년 10월 1일은 무슨 요일인가?

이 날을 따져 보면 $c=19, y=49, m=10, d=1$이다.

공식으로 구하면

$$W = \left[\frac{19}{4}\right] - 2 \times 19 + 49 + \left[\frac{49}{4}\right] + \left[\frac{26(10+1)}{10}\right] + 1 - 1$$
$$= 4 - 38 + 49 + 12 + 28$$
$$= 55.$$

7로 55를 나누면 나머지가 6이므로 1949년 10월 1일은 토요일이다.

(예3) 2000년 1월 1일은 무슨 요일인가?

2000년 1월 1일은 1999년 13월 1일로 보아야 하므로 $c=19, y=99, m=13, d=1$이다.

공식으로 계산하면

$$= \left[\frac{19}{4}\right] - 2 \times 19 + 99 + \left[\frac{99}{4}\right] + \left[\frac{26(13+1)}{10}\right] + 1 - 1$$
$$= 4 - 38 + 99 + 24 + 36$$
$$= 125.$$

125를 7로 나누면 나머지가 6이므로 2000년 1월 1일은 토요일이다.

75
상점에서는 상품을 한 번에 얼마나 들여와야 가장 합리적인가

상점에서는 고객들에게 상품을 파는 동시에 제조업자나 도매상에서 상품을 구해야 한다. 정상적인 상황이라면 상점에서 상품을 판 후 원가를 빼고 일정한 이윤을 얻는다. 상품을 적게 구입하면 팔지 못해 쌓이는 현상이 나타나고 손해를 보게 된다. 때문에 들여오는 상품의 양은 일정한 기간 내의 판매량과 관계가 있다. 판매량은 확정되지 않은 양이기에 일정하게 어림셈을 할 수밖에 없다. 그러면 상점에서는 상품을 얼마나 들여와야 얻는 (평균) 이윤이 제일 많게 되는가?

이제 구체적 실례를 들어 이 문제를 설명해 보자.

옷가게에서 옷을 구입해다 팔려 한다. 물건이 잘 팔리는 계절에 옷 한 벌을 팔면 50원의 이윤을 얻을 수 있다. 잘 팔리는 계절이 지난 후에는 자금이 돌지 않는 것을 가급적 방지하기 위해 부득이 값을 내려 팔고, 거기에 상품의 보관비용까지 합치니 옷 한 벌에 10원을 밑지게 되었다. 상품을 들여오기 전 상점에서 미리 시장 조사를 할 때는 40~50벌을 팔 수 있다고 예측하였다.

구체적으로 옷을 팔 수 있는 양 및 가능성은 아래와 같다.

판매예상량(벌)	40미만	40	41	42	43	44
가능성(%)	0	5	7	8	10	12
판매예상량(벌)	45	46	47	48	49	50
가능성(%)	15	12	10	9	7	5

그렇다면 상점에서 제일 많은 이윤을 얻으려면 상품을 얼마나 들여와야 하는가?

예를 들어 상품을 x벌 구입해야 한다면, x는 40~50벌 사이에 있다. 만일 $x<40$벌이면 상품이 모자라고 $x>50$벌이면 상품이 재고로 쌓이므로 이것은 선택할 상황이 못 된다. 다음에 x가 40~50벌일 때 상점에서 얻는 평균 이윤을 계산하여 보자. $x=40$벌일 때 모두 팔 수 있으므로 총이윤은

$50 \times 40 = 2,000$(원)이다.

$x=41$벌일 때 40벌을 팔고 1벌이 재고로 남을 가능성은 5%이고, 다 팔 수 있는 가능성은 100%-5%=95%이다. 때문에 평균 총이윤은

$(50 \times 40 - 10 \times 1) \times 5\% + (50 \times 41) \times 95\% = 2,047$(원)

$x=42$벌일 때 40벌을 팔고 2벌이 재고로 남을 가능성은 5%이고, 41벌을 팔고 1벌이 남는 가능성은 7%이다. 나머지 경우에는 전부 팔 수 있는데, 그 가능성은 100%-5%-7%=88%이다.

따라서 평균 총이윤은

$(50 \times 40 - 10 \times 2) \times 50\% + (50 \times 41 - 10 \times 1) \times 7\%$

$+ (50 \times 42) \times 88\% = 2089.8$(원).

다음에 x가 40~50벌일 때 평균 총이윤을 계산한 결과는 다음의 표와 같다. 위의 계산으로부터 48벌 구입했을 때 상점에서 얻는 이윤이 제일 크며, 그 액수는 2,211.6원이라는 것을 알 수 있다.

구입량(벌)	40	41	42	43	44	45
이윤(원)	2000	2047	2089.8	2127.8	2159.8	2184.6
구입량(벌)	46	47	48	49	50	
이윤(원)	2200.4	2209	2211.6	2208.8	2201.8	

76
상점에서는 어떻게 구입하는 상품의 질을 통제하는가

우리는 상점에서 상품을 살 때 언제나 질이 좋은 상품을 사기를 희망한다. 때문에 상품을 살 때 품질 보증서를 세심히 본다. 마찬가지로 상점에서도 상점의 신용을 지키기 위하여 상품의 질을 고려해야 한다. 상점에서는 어떻게 상품의 질을 통제하는가?

실제로 상점에서는 상품을 구입하기 전에 품질 보증서를 자세히 보는 외에 품질 검사를 한다. 상점에서 어떻게 상품의 품질을 검사하는가를 알아보자.

어떤 상점에서 일정 수량의 전구를 판매하려고 하는데 공장에서 제공한 상품 설명서에는 전구의 평균 수명이 2000시간보다 작지 않고 표준 오차가 200시간이라고 적혀 있었다. 상점에서는 전구의 품질이 공장에서 말한 것과 같은지 아닌지를 알아보기 위해 10개의 전구를 골라 실험하였는데 사용 수명이 다음과 같았다(단위 : 시간).

2250, 1580, 1790, 3020, 2360, 1430, 2050, 1960, 1690

이 전구 10개의 평균 수명은 1998시간인데 2000시간보다 작다. 그렇다면 전구의 질이 공장에서 보증한 질보다 못한가? 이 상점에서 이 전구를 구입하지 말아야 하는가?

공장에서 담보한 전구의 평균 수명이 2000시간보다 작지 않다고 하였지만 상점에서는 전구 10개의 수명만을 실험하였기에 실험 결과가 전구의 질을 완전히 대표할 수 없다. 전구의 사용 수명이 2000시간보다 클 수도 있다. 전구 10개의 평균 수명이 2000시간보다 작다 하여 상품의 구입을 거절한다면 질이 좋은 상품을 거절하는 착오를 범하게 된다. 상점이나 공장에서는 이런 착오를 적게 범하기를 희망하고, 착오율을 10% 이내로 통제하려 한다. 그러자면 통계 방법이 필요하다.

경험에 의하면 전구의 사용 수명이 평균과 차이가 큰 전구는 소수를 차지한다. 통계학의 언어로 말하면 전구의 사용 수명은 정규 분포를 근사하게 따른다. 때문에 전구의 사용 수명이 공장에서 말한 것과 같다면 10개를 택하여 실험한 평균 수명은 2000시간에 접근해야 한다. 계산 결과 평균 사용 수명이 1919시간보다 적을 가능성은 10%를 초과하지 않는다. 그런데 지금 실험한 결과가 1998시간이므로 상점에서는 이 상품을 거절하지 말아야 한다.

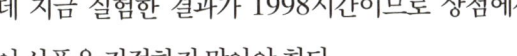

77
왜 포장한 식료품의 무게를 ○○g ± ○g으로 표시하는가

포장지를 보면 중량이 〈중량 500±2g〉이라고 표시되어 있다. 이것은 무슨 의미인가? 500과 2는 무엇을 의미하는가?

분유 한 통의 중량이 500g이라고 하자. 그런데 여러 원인으로 포장한 분유의 무게와 실제 무게 사이에 일정한 오차가 있게 된다. 일반적으로 포장지에 표기된 500g은 이미 설정한 중량이거나 평균 중량이다. 〈±〉는 오차가 플러스거나 마이너스란 뜻인데 〈2g〉은 평균 오차 또는 표준 오차를 가리킨다.

100통의 분유를 택하였을 때 각각의 중량이 xg이라고 하자. x의 값은 결정된 값이 아니라 501g 또는 498g이거나 500g일 수 있다. 이와 같은 x의 값을 변수라고 한다. 무게를 달아본 결과는 아래 표와 같다.

순무게 x	495	496	497	498	499	500	501	502	503	504	505
포장수	1	2	8	13	15	22	17	11	6	4	1
비율 px	0.01	0.02	0.08	0.13	0.15	0.22	0.17	0.11	0.06	0.04	0.01

임의의 분유 한 통의 무게가 x = 495일 가능성은 1%이고,

$x=496$일 가능성은 2% ⋯ 이런 가능성을 우리는 확률이라고 하는데 $p(x=495)0.01$로 표시한다. 모든 확률의 합은 1이다. 이것을 변수 x의 확률 분포라고 한다. 평균 또는 기대값 a는 다음 식으로 계산한다.

$a = 495 \times 0.01 + 496 \times 0.02 + \cdots$
$\quad + 504 \times 0.04 + 505 + 0.01 = 500.$

기댓값 a는 500이다.

이제 x와 기대값 사이의 오차 $x-a$를 계산해 보자.

오차는 11가지, 즉 $-5, -4, \cdots, 4$와 5이다.

제일 큰 오차는 5이다. 오차의 평균치 b는

$b = |-5| \times 0.01 + |-4| \times 0.02 + \cdots$
$\quad + |4| \times 0.04 + |5| \times 0.01 = 1.56.$

즉 평균 오차는 1.56이다.

다른 한 가지 방법은 오차의 제곱의 평균치 σ^2을 구하는 것인데 분산이라고 한다.

$\sigma^2 = (-5)^2 \times 0.01 + (-4)^2 \times 0.03 + \cdots$
$\quad + 4^2 + 0.03 + 5^2 \times 0.01 = 4.$

이것의 제곱근은 $\sigma = 2$인데 표준 편차라고 한다. 평균 오차와 표준 편차는 오차의 크기를 반영하는 방법이다.

평균과 최대 오차는 $500 \pm 5g$으로 표시하고, 평균과 평균 오차는 $500 \pm 1.56g$으로 표시하며, 평균과 표준 편차는 $500 \pm 2g$으로 표시하면 된다.

78
왜 큰 단위 상품이 작은 단위 상품을 사는 것보다 유리한가

크게 포장한 상품의 가격이 작게 포장한 상품보다 낮은 것을 본 적이 있는가? 이것은 고객이 크게 포장한 상품을 사도록 끌기 위함인가 아니면 다른 원인이 있는가?

상품의 가격에 영향을 주는 요소는 많다. 일반적으로 상품의 가격은 생산 원가, 운송 원가, 포장 원가 및 시장 판매 상황과 관계된다. 그 중에서 생산과 운송 원가는 중량과 정비례하지만, 포장 재료 원가는 상품의 표면적에 정비례한다. 때문에 우리는 상품의 중량과 표면적 사이의 관계를 밝혀야 한다.

예를 들면 콜라 캔은 원기둥 모양이다. 원기둥의 밑면의 지름을 D, 높이를 h라고 가정하면 그 부피와 표면적은 각각

$$V = \frac{\pi}{4} D^2 h, \ S = \frac{\pi}{2} D^2 + \pi D h.$$

캔의 밑면 지름과 높이를 같게 즉 $D = h$로 설계하면 부피와 높이는 다음과 같다.

$$V = \frac{\pi}{4} D^3, \ S = \frac{3}{2} \pi D^2.$$

상품의 무게가

$$W = k_1 V = \frac{\pi}{4} k_1 D^3.$$

여기서 k_1은 상품 밀도이다. 그러므로

$$D = \sqrt[3]{\frac{4}{\pi k_1} W}, \quad S = \frac{3\pi}{2} \left[\sqrt[3]{\frac{4}{\pi k_1} W} \right]^2 = k_2 W^{\frac{2}{3}} \text{ 이다.}$$

여기서

$$k_2 = \frac{3\pi}{2} \sqrt[3]{\frac{16}{\pi^2 k_1^2}}$$

은 0보다 큰 상수이다. 따라서 단위 상품 중량의 표면적은

$$\frac{S}{W} = k_2 W^{-\frac{1}{3}} = \frac{k_2}{\sqrt[3]{W}} \text{ 이다.}$$

표면적은 상품의 중량 W가 커짐에 따라 준다. 다시 말하면 중량이 증가하면서 표면적은 작아지며 포장비도 따라서 감소한다. 따라서 포장을 크게 한 상품의 재료 원가가 작게 포장한 것보다 작게 된다. 이것이 크게 포장한 상품의 값이 싼 주요 원인이다. 이 밖에 크게 포장한 상품의 포장 가공비도 작게 포장한 것보다 싸게 든다. 그러므로 어떤 상품에 대한 수요가 클 때 크게 포장한 것을 사는 것이 이익이 된다.

79
전화번호를 일곱 자릿수에서 여덟 자릿수로 늘리면 사용 세대는 얼마나 증가하는가

전화번호는 0부터 9까지의 숫자에서 뽑아 이루어지는데 보통 제일 앞의 것은 0이 아니다. 일곱 자릿수로 전화번호를 짤 때 제일 큰 자리의 수는 1부터 9까지의 수에서 마음대로 하나를 선택할 수 있으므로 9가지 방법이 있다. 두 번째 큰 자리의 수는 0부터 9까지의 10개 숫자에서 마음대로 선택할 수 있고 또 다른 자리의 수와도 중복될 수 있으므로 10가지 선택 방법이 있다.

이와 같이 가능하게 구성할 수 있는 전화번호는 9×10^6개이다. 같은 방법으로 여덟 자릿수로 구성할 수 있는 전화번호는 9×10^7개임을 알 수 있다.

양자의 차는 $9 \times 10^7 - 9 \times 10^6 = 8.1 \times 10^7$.

전화번호를 여덟 자릿수로 늘린 후 가장 많게는 8100만 사용 세대가 증가할 수 있다.

물론 일부 특수한 수가 앞에 놓이는 전화번호는 남겨서 특수한 용도에 쓰이기 때문에 실제는 이렇지 못하다.

예를 들면 1이 앞에 있는 전화는 국민들의 생활과 밀접한 관계가 있는 특수 전화 이를테면 112, 114, 119, 120 등에 쓰인다.

전화번호를 늘림에 따라 이런 전화번호가 가지고 있는 번호 자원도 확대되어야 한다.

예를 들면 일곱 자릿수일 때 110으로 시작되는 10000개 번호는 110의 특수 용도로 사용할 수 없고, 여덟 자릿수일 때 110으로 시작되는 100000개 번호는 같은 이유로 사용할 수 없게 된다. 이러면 여덟 자릿수로 늘린 후 실제로 증가할 수 있는 사용 세대는 8100만 개에 도달하지는 못한다.

4자리 숫자의 비밀

전화번호, 자동차번호, 통장이나 신용카드의 비밀번호 등은 대부분 4자리의 숫자로 되어 있다. 그 이유는 무엇인가?

조류는 2자리, 일반 포유류는 3자리까지 인식한다고 한다. 그러나 이것은 숫자의 의미를 인식하는 것이 아니라 단지 서로 차이가 있다는 것을 구분한다는 의미일 뿐이다.

그렇다면 사람은 어떨까? 보통의 사람들은 숫자의 자릿수를 헤아릴 때, 셈을 하지 않고 시각적으로 한눈에 보았을 때 인식할 수 있는 한계의 자릿수가 4자리라고 한다. 예를 들면 12, 234, 3456까지는 특별히 셈을 하지 않고도 한눈에 그 자릿수와 수의 가치를 헤아린다. 그렇다면 13265894256은? 한눈에 파악하기 어렵다.

사람이 가장 편하게 인식하고 외우기 좋은 자릿수는 4자리이며, 따라서 4자리의 수가 일반적으로 사용되는 것이다.

80
왜 숫자적 자료로 도표를 그릴 수 있는가

현실에서 우리는 여러 사실을 수학적으로 표시할 필요가 있다. 그 중 도표를 그리는 방법이 많이 쓰이는 방법이다. 뿐만 아니라 숫자적 자료를 근거로 도표를 그려 낼 수 있다. 예를 들어 한 공장에 5명의 주주와 100명의 근로자가 있는데, 주주의 이윤과 근로자들의 임금 총액은 다음과 같다.

연도	근로자 임금 총액	주주의 총 이윤
2007	10만원	5만원
2008	12.5만원	7.5만원
2009	15만원	10만원

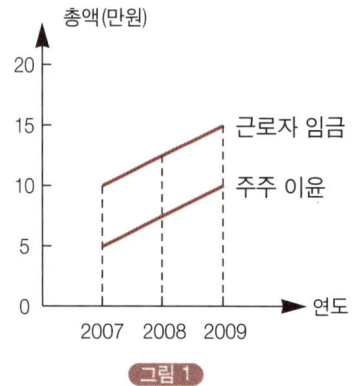

그림 1

경영주는 이 숫자적 자료로 총이윤과 근로자 임금 총액을 연도별로 한 대비표를 그렸는데 그림 1 과 같다. 이것이 보여주듯 주주의 총이윤과 근로자 임금 총액은 증가해서 주주와 근로자가 평등한 듯 보이므로 근로자들은 만족감을 느껴야 한다. 따라서 이 도표는 경영주의 수요에 부합한다.

노동조합에서는 이 숫자적 자료로 주주의 총이윤 성장과 근로자 임금 총액의 대비 도표를 그렸는데, 그림2 와 같다(2007년의 성장을 100%로 함). 그림2 가 보여주다시피 주주의 총이윤 성장 비율은 근로자 임금 총액의 성장 비율보다 훨씬 높다. 따라서 노동조합에서는 근로자들의 이익을 지키기 위하여 임금을 올려줄 것을 요구했다. 이 그림2 는 근로자들의 수요에 부합한다.

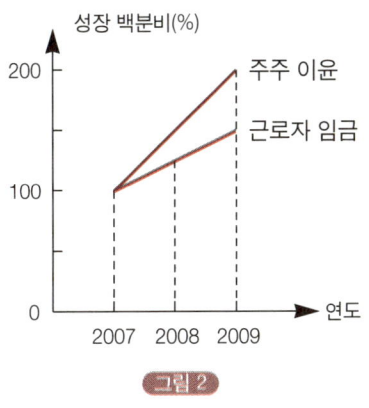

한 근로자가 이 숫자적 자료로 주주와 근로자의 개인 연수입 대비표를 그렸는데, 그림3 과 같다. 그림3 이 보여주다시피 주주 개인이 얻는 이익은 근로자 개인의 연수입보다 훨씬 많고 수입의 차이도 뚜렷하다. 그러므로 근로자들은 경영자측에 임금을 올려줄 것을 요구했다. 그림3 도 근로자의 수요에 부합된다.

세 도표는 모두 맞게 그렸고 다 일리가 있다. 〈시누이 말도 맞고 올케 말도 다 일리가 있다〉는 격이다.

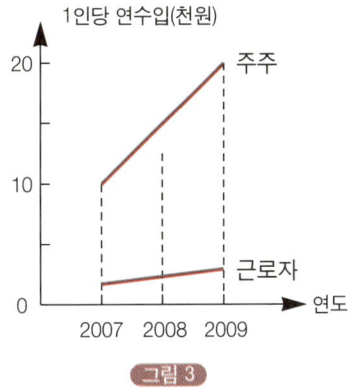

81
어떤 방법으로 저금 금리를 계산하는가

은행에 돈을 저금한 후 일정한 시간이 지나면 이자가 생긴다. 그렇다면 이자를 어떤 방법으로 계산하는가?

이자를 계산하는 방법에는 단리와 복리가 있다.

단리의 특징은 원금만으로 이자를 계산하는 것이다. 다시 말하면 저금 후 받은 이자를 다음 이자 계산에 적용하지 하지 않는 것이다.

예를 들어 어떤 학생이 은행에 3년 기간으로 20,000원을 저금했는데 이율은 5%이고, 이자 계산 주기는 1년이다. 1년이 지난 후 이 저금의 총액은 21,000원으로 변했지만, 1,000원을 두 번째 해와 세 번째 해의 이자 계산에 넣지 않는다. 그러므로 두 번째 해와 세 번째 해의 이자 계산 원금은 여전히 20,000원이고, 학생은 해마다 1,000원의 이자를 얻어서 3년 이자의 총합은 3,000원이다.

단리로 저금한 원금이 a원이고, 이자 계산 주기의 이율이 $p\%$이고, 저금 기간이 n이면 이자 합계 A는

$$A = a(1+np\%)$$이다.

복리의 특징은 받은 이자까지 고려해서 이자를 주는 방식이다. 이자에 이자가 붙는 셈이다.

20,000원을 저금하는 것을 예로 들면, 연이율이 5%일 때 복리제로 계산하면 첫해에는 1,000원의 이자를 얻고, 두 번째 해에는 21,000원×5%=1,050원을 얻으며, 세 번째 해에는 22,050원×5%=1,102.5원의 이자를 얻는다. 3년 동안의 이자 총합은 3,152.5원이다. 이로부터 복리에서 얻는 이자가 더 많음을 알 수 있다.

복리에서 원금이 a원이고, 이자 계산 주기의 이율이 $p\%$, 저금 기간이 n개이면 원금 이자 합계는

$$A = a(1+p\%)^n$$ 이다.

은행은 어떻개 생겨났을까?

은행의 역사는 고대 메소포타미아까지 올라간다. 바빌로니아의 함무라비 법전에 상거래와 은행 업무에 대한 내용이 포함되어 있다.

이후 11세기에 이르러 이탈리아 시장에서는 원거리 무역상들을 위해 작은 탁자(banko)를 놓고 신용장을 취급하는 사람들(banka)이 있었다.

한편 중국에서는 상인 길드인 〈행(行)〉은 원거리 무역을 할 때 〈은(銀)〉을 사용했는데, 상인 길드인 〈행〉이 금융업의 주체가 되면서 〈은행(銀行)〉이라는 말이 생겼다.

82
물건 구입 후 할부로 지불하는 계획을 어떻게 세울까

비싼 물건을 구입할 때는 할부 방식으로 기간을 나누어 돈을 지불하는 것이 보통이다. 할부 방식의 구매는 말하자면 외상 소비의 일종이고 부채 소비이다.

상품의 판매 가격이 1,000원이라고 하자. 고객이 상품을 수령하고 물건 값을 1년 후에 지불한다면, 과연 1년 후에는 얼마를 지불해야 하는가? 예전대로 1,000원을 지불하면 되지 않는가? 결론은 그렇지 않다.

가령 판매자가 지금의 1,000원을 은행에 저금하면, 1년 후에는 이자가 붙어 수익이 생기기 때문이다. 은행의 연이율이 5%라고 가정하면, 1,000원을 저금한 것이 1년 후에는 1,050원이 된다.

물건을 살 때 값을 치르지 않고 1년 후에 여전히 1,000원을 지불한다면, 고객은 이익을 보겠지만 상점에서는 손해를 보게 되는 것이다. 따라서 1년 후에 치르는 값은 1,000원을 초과해야 하고 적어도 이자까지 포함해야 한다. 다시 말하면 적어도 1,050원을 지불해야 한다. 1년 후의 1,050원은 지금의

1,000원에 상당한데, 우리는 1년 후 1,050원의 〈현재 가치〉는 1,000원이라고 말한다.

이자를 계산하는 공식에 의하여 현재 가치로부터 1년 후의 가치 (원금과 이자의 합)를 계산해 낼 수 있다. 1년 후의 가치 (1,050원)를 안다면 어떻게 그 현재 가치를 계산하는가?

방정식을 세우는 방법으로 이 문제를 해결할 수 있다.

현재의 x원이 1년 후에 1,050원이라고 하면,

$$x(1+50\%)=1050$$

방정식을 풀면,

$$x=\frac{1050}{1+50\%}=1000(원)$$

이와 같이 1년 후의 1,050원의 현재 가치는 1,000원임을 알았다.

그렇다면 2년 후 1,100원의 현재 가치가 얼마인가를 어떻게 계산하는가? 단리만 살펴보기로 하자.

현재 가치 x원이 2년 후에 1,100원이 된다고 가정하고 방정식을 세우면,

$$x(1+2\times5\%)=1100$$
$$x=\frac{1100}{1+2\times5\%}=1000(원)$$

이로부터 2년 후 1,100원의 현재 가치가 1,000원임을 알 수 있다.

이것은 모두 연이율이 5%라는 가정에서 말한 것이다. 연이율(월이율로 고칠 수도 있다.)을 $P\%$라면 n년 후의 현재 가치를 아래의 공식으로 계산할 수 있다.

$$x = \frac{b}{1+np\%}$$

〈현재 가치〉의 의미와 계산 방법을 이해했다면, 할부 방식으로 돈을 지불하는 문제를 검토해 볼 필요가 있다.

할부 소비는 순수한 외상 소비와는 다르다. 기간을 나누어 지불하는 것은 물건을 사면서 일부분 값을 지불하고, 나머지는 사고파는 쌍방이 설정한 계획에 따라 몇 개 기간을 나누어 지불하는 것이기 때문이다. 그렇다면 돈을 지불하는 계획은 어떤 원칙으로 설정하는가? 다음 예를 보기로 하자.

컴퓨터 한 대의 소매가격이 2,180원이라고 하자. 상점에서 할부 방법을 이렇게 정하였다. "물건 구매 시 첫 번에 1,000원을 지불하고 매달 200원씩 연속 6번 지불한다." 이것은 바로 이후 할부로 지불하는 돈을 현재 가치로 하여 산출한 것이다.

월이율이 5%라고 가정하고, 첫번째 기간에 200원을 지불하였으니 200원의 현재 가치는

$$x_1 = \frac{200}{1+1\times 5\%} = 199(원),$$

둘째 기간에 200원을 지불하였으니 그 현재 가치는

$$x_2 = \frac{200}{1+2\times 5\%} = 198.01(원),$$

셋째, 넷째 …기간에 지불한 돈의 현재 가치는 각각

$$x_3 = \frac{200}{1+3\times5\%} = 197.04(원),$$

$$x_4 = \frac{200}{1+4\times5\%} = 196.08(원),$$

$$x_5 = \frac{200}{1+5\times5\%} = 195.21(원),$$

$$x_6 = \frac{200}{1+6\times5\%} = 194.17(원).$$

따라서 컴퓨터 구매 시에 지불한 현재 가치 1000원과 매달 지불할 현재 가치의 총합은

$1000 + 199 + 198.1 + 197.04 + 196.08 + 195.12 + 194.17$
$= 2,179.42(원).$

고객이 컴퓨터를 사는 데 지불하는 총금액은 $100 + 6 \times 200$ = 2,200원이지만, 현재 가치는 2,179.42원이므로 한 번에 값을 지불하는 것과 약간의 차이가 있다.

5장 수학여행 –
신비로운 수의 세계로

83_ 0은 없다는 의미만 있는가
84_ 왜 시간과 각도의 단위는 60진법을 쓰는가
85_ 자연수가 나누어 떨어지는지를 어떻게 판단하는가
86_ 왜 최소 공약수와 최대 공배수를 논의하지 않는가
87_ 어떻게 순환소수를 분수로 고치는가
88_ 왜 $0.9=1$이라고 하는가
89_ 어떤 때 근사치를 구하는가
90_ 0.1과 0.10이 같은가
91_ 숫자에 주기 현상이 있는가
92_ 왜 연속한 네 자연수의 곱에 1을 더하면 완전 제곱한 수가 되는가
93_ 교묘한 숫자 배열 문제
94_ 왜 수학을 〈관계학〉이라 할 수 있는가
95_ 왜 수학은 논리를 쓰지만 논리와 같지 않은가
96_ $1+1=1$인가
97_ 〈추측〉이란 무엇인가
98_ 정수와 짝수의 개수는 똑같은가
99_ 무한소와 0은 같은가
100_ 왜 세계 각국에서는 수학을 중고등학교의 주요 과목으로 하는가

83
0은 없다는 의미만 있는가

수학 선생님이 다음과 같은 문제를 냈다. 〈상점에서 일주일 전에 컴퓨터를 20대 들여왔는데 다 팔았다. 그 후 컴퓨터를 더 들여오지 않았다면 컴퓨터가 몇 대 남았는가?〉 학생들은 일반적으로 다음과 같이 대답한다. 20-20=0(대).

이로부터 우리는 0에 대해 알고 0에 대하여 다음과 같이 정의를 내린다. 〈0은 없다는 것을 표시한다.〉

과연 0은 없다는 의미만 있을까?

섭씨 0도는 온도가 없다는 뜻이 아니다. 섭씨 0도가 온도가 없다는 것이라면 화씨 0도도 온도가 없어야 한다. 그러나 섭씨 0도는 화씨로 32도이다. 32도는 분명히 온도가 있다는 뜻이다. 따라서 섭씨 0도가 온도가 없는 건 아닌 것이다.

컴퓨터에서는 0의 작용이 더욱 크다. 0과 1만 사용하는 〈2진법〉을 쓰기 때문이다.

0은 묘한 특성을 가지고 있다. 0을 아무리 많이 더해도 합은 여전히 0이다. 이때 0은 아무 작용을 하지 못한 셈이다. 그러나 어떤 때는 0의 영향이 매우 크다. 곱할 때 아무리 많은 수를 곱해도 그 중 0이 하나라도 들어가면 값은 0이 된다.

유치원 수준에선 0을 없다는 뜻으로 가르치지만, 중학생 수준에서는 시작이라는 뜻으로도 가르친다.

숫자 영(0)의 발명

오늘날 우리가 사용하고 있는 아라비아 숫자는 약 1500년 전 인도에서 발명된 것으로 전해진다. 그 후 아라비아를 거쳐 유럽에 전해지면서 아라비아 숫자라는 이름으로 불리게 되었다고 한다.

원래 인도에서도 1~9까지의 숫자만 사용되다가 뒤늦게 0의 발명으로 인해 10진법의 기수법이 완성된 것이다. 그러나 이보다 훨씬 오래 전인 기원 전 4000년경에도 이와 비슷한 의미를 가진 쐐기형 기호가 고대 바빌로니아에서 사용되기도 했다.

숫자 0이 어떻게 생겨 났는지에 대한 확실한 증거는 없다. ●을 쓰기도 하고 ∅을 쓰기도 하다가 아무것도 없다는 의미로 ●을 ○으로 바꿔 쓰면서 점차 모양이 정해졌다고 하기도 한다.

84
왜 시간과 각도의 단위는 60진법을 쓰는가

시간의 단위는 시간이고 각도의 단위는 도(°)이다. 표면상으로 보면 이것들은 아무런 관계도 없다. 그런데 왜 이것들이 명칭이 서로 같은 분, 초 등 작은 단위로 나뉘는가? 그리고 또 왜 60진법을 쓰는가?

자세히 연구해 보면 이 두 가지 양은 밀접한 연계를 가지고 있다는 것을 알 수 있다. 고대의 사람들은 생산 노동의 수요로부터 천문과 역법을 연구할 필요가 있었으며, 이것들은 또 시간 및 각도와 연관되어 있었다.

예를 들어 밤과 낮의 변화를 연구하려면 지구의 자전을 연구해야 하는데, 지구의 자전 속도와 시간은 밀접했다. 역법에서는 정확도가 비교적 높은 숫자들을 요구하기에 시간의 단위 〈시간〉과 각도의 단위 〈도〉는 너무 커서 그 요구를 만족시킬 수 없었다. 따라서 좀더 세밀하게 해야 했다. 시간과 각도는 $\frac{1}{60}$을 단위로 하면 이러한 성질을 갖게 된다.

예를 들어 $\frac{1}{2}$은 $\frac{1}{60}$이 30개이고, $\frac{1}{3}$은 $\frac{1}{60}$이 20개이며, $\frac{1}{4}$은 $\frac{1}{60}$이 15개……

수학에서는 $\frac{1}{60}$의 단위를 〈분〉이라 부르고
기호 〈′〉로 표시하며,
1분의 $\frac{1}{60}$의 단위를 〈초〉라 부르고
기호 〈″〉로 표시한다.

이런 기수법은 일부 숫자를 표시하기에 매우 편리하다. 흔히 보게 되는 $\frac{1}{3}$은 10진법에서는 무한소수(0.33333…)로 그 값을 표현하기가 어렵지만 60진법에서는 간단히 표시된다.

60진법에서의 이런 기수법은 천문 역법에서 전세계 과학자들이 오랫동안 사용하여 왔기에 지금까지 계속 쓰고 있다.

미터(meter)법

지구 자오선 길이의 1/4000만을 1미터(m), 각 모서리의 길이가 10cm인 정육면체와 같은 부피의 4℃ 물의 질량을 1킬로그램(kg), 그 부피를 1리터(l)로 하는 십진법적 도량형법으로, 1790년 프랑스의 정치가 탈레랑(Charles-Maurice de Talleyrand-Périgord, 1754~1838)의 제안으로 파리과학아카데미가 정부의 위탁을 받아 만들었다.

이후 1875년 국제적인 미터조약이 성립되어 각 나라로 전파되었다. 우리나라에서는 중국의 척관법(尺貫法)을 사용하다가 1963년부터 미터법을 공식화하였다.

85
자연수가 나누어 떨어지는지를 어떻게 판단하는가

우리는 자연수가 다른 자연수로 나누어 떨어질 수 있는지를 늘 판단하게 된다. 하지만 나누는 수가 간단한 자연수일 때에는 비교적 교묘한 방법으로 판단할 수 있다. 독자가 이런 비결을 터득한 후에는 계산기를 쓰지 않고도 나누어 떨어지는 문제를 재빨리 해답할 수 있다.

(1) 자연수의 홀짝은 〈2로 나누어 떨어지는가〉로 결정한다. 짝수(일의 자리의 숫자가 0, 2, 4, 6, 8인 자연수)는 2로 나누어 떨어지고, 홀수(일의 자리의 숫자가 1, 3, 5, 7, 9인 자연수)는 2로 나누어 떨어지지 않는다.

(2) 자연수가 5로 나누어 떨어지는가는 일의 자리의 수가 0이나 5여야 한다는 것이고, 25로 나누어 떨어지는가는 마지막 두 자리(십의 자리와 일의 자리)가 00, 25, 50 또는 75여야 한다는 것이다.

예를 들면 1207895는 5로는 나누어 떨어지지만 25로는 나누어 떨어지지 않는다.

(3) 자연수가 3으로 나누어 떨어지는가는 각 자리의 숫자의 합이 3으로 나누어 떨어져야 한다는 것이고, 9로 나누어 떨어지는가는 각 자리의 숫자의 합이 9로 나누어 떨어져야 한다는 것이다.

예를 들면 147345의 합인 $5+4+3+7+4+1=24$는 3으로는 나누어 떨어지지만 9로는 나누어 떨어지지 않는다.

(4) 자연수가 4로 나누어 떨어지는가는 일의 자리와 십의 자리의 2배의 합이 4로 나누어 떨어져야 한다는 것이고, 8로 나누어 떨어지는가는 일의 자리, 십의 2배 및 백의 자리의 4배의 합이 8로 나누어 떨어져야 한다는 것이다.

예를 들면 $6+2\times7=20$은 4로 나누어 떨어지므로 1390276은 4로 나누어 떨어진다. $6+2\times7+4\times2=28$이 8로 나누어 떨어지지 않으므로 1390276은 8로 나누어 떨어지지 않는다.

(5) 자연수가 11로 나누어 떨어지는가는 홀수 번째 자리의 숫자의 합과 짝수 번째 자리의 숫자의 합의 차가 11로 나누어 떨어져야 한다는 것이다.

예를 들면 268829의 홀수 번째 자리의 합이 $9+8+6=23$이고 짝수 번째 자리의 합이 $2+8+2=12$이며, 이 차가 11이다. 11은 11로 나누어 떨어지기에 268829는 11로 나누어 떨어진다. 또 예를 들면 1257643에서 $(3+6+5+1)-(4+7+2)=2$이므로 1257643은 11로 나누어 떨어지지 않는다.

86
왜 최소 공약수와 최대 공배수를 논의하지 않는가

수학에서 우리는 최대 공약수와 최소 공배수를 배웠다. 여기서 독자들은 다음 문제를 제기할 수 있다. 왜 공약수에 대해서는 제일 큰 것을 논의하지만 공배수에 대해서는 제일 작은 것을 논의하는가? 최소 공약수와 최대 공배수가 존재하는가? 존재한다면 왜 논의하지 않는가?

먼저 두 개의 구체적 상황부터 보기로 하자. 자연수 16과 24는 1, 2, 4, 8 의 공약수를 가지는데, 이 가운데서 최대 공약수는 8이고 최소 공약수는 1이다.

또 자연수 15와 56의 공약수는 1 하나뿐이다.

이로부터 임의의 두 자연수는 언제나 공약수 1을 가지며 1은 언제나 그 최소 공약수이다(공약수는 언제나 자연수만 논한다). 두 개 또는 그 이상의 최소공약수는 언제나 1이므로 논의할 필요가 없다. 이것이 최소 공약수를 논의하지 않는 이유이다. 그러나 이것이 주요한 원인은 아니다.

두 자연수의 최대 공약수는 분수의 약분에 쓰인다. 약분을 통해 분수를 기약분수로 고칠 수 있다. 하지만 최소 공약수인

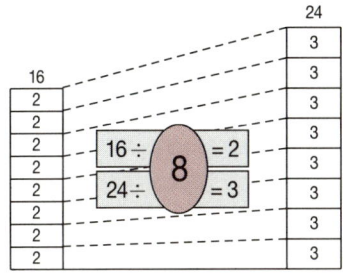

1은 아무런 쓸모가 없다. 이것이 최소 공약수를 논하지 않는 근본적인 원인이다.

두 자연수는 최대 공배수를 가지는가? 두 자연수 16과 24의 최소 공배수는 48이다. 분명히 48에 임의의 자연수를 곱하여도 그 수는 여전히 16과 24의 공배수이다.

예를 들면 $48 \times 2 = 96$, $48 \times 3 = 144$, $48 \times 4 = 192$ 등은 다 16과 24의 공배수이다. 자연수에는 제일 큰 수가 없으므로 최대 공배수도 존재하지 않는다.

사실상 분수를 통분할 때에도 최소 공배수만 쓴다. 큰 공배수를 쓴다면 계산이 복잡해진다. 최대 공배수가 존재하지 않고 큰 공배수가 필요하지 않으니 최소 공배수만 논해야 한다.

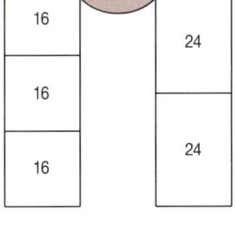

87
어떻게 순환소수를 분수로 고치는가

소수의 자리수가 유한개이면 유한소수이다.

예를 들면 $\frac{1}{4}$ = 0.25이다.

하지만 $\frac{23}{99}$ = 0.232323…은 순환소수이다.

그것은 그 소수의 자리수가 무한하고 〈23〉이 차례로 되풀이되면서 끊임없이 순환하기 때문이다.

유한소수를 분수로 고치기는 간단하다. 소수점 뒤의 수를 분자로 하고 그것을 $10n$으로 나누기만 하면 된다(여기서 n은 소수점 뒤에 있는 수의 자리수이다).

예를 들면 0.4713 = $\frac{4713}{10000}$.

그렇다면 순환소수는 어떻게 분수로 고치는가? 얼핏 보면 어려운 것 같지만 규칙만 안다면 쉽게 고칠 수 있다.

먼저 다음의 예를 보자.

$\frac{3}{7}$ = 0.428571…

$0.333\cdots = \dfrac{1}{3} = \dfrac{3}{9}$,

$0.212121\cdots = \dfrac{7}{33} = \dfrac{21}{99}$,

$0.324324324\cdots = \dfrac{36}{111} = \dfrac{324}{999}$.

이로부터 우리는 다음과 같은 규칙을 알 수 있다.

순환소수를 분수로 고치려면 한 개의 순환하는 부분을 분자로 하고 99 … 9를 분모로 하기만 하면 된다(여기서 9의 개수는 분자의 자리수와 같다).

소수와 분수의 유래

분수를 상용한 시기는 기원 전 1800년경 고대 이집트인에 의해서다. 인류 최초의 수학서인 〈아메스의 파피루스(Ahmes papyrus, BC 1600년경)〉에도 분수의 기록이 남아 있다. 그 후 3000년도 더 지나서야 소수가 쓰이기 시작했다. 사람들은 재는 일보다는 나누는 일, 즉 분배의 문제를 더 중요하게 생각했음을 알 수 있다.

네덜란드의 수학자 시몬 스테빈(Simon Stevin, 1548~1620)은 1585년에 발표한 〈10분의 1에 관하여〉라는 책에서 처음으로 소수의 계산에 대한 최초의 체계적인 해설을 하였다. 그러나 스테빈의 소수 표기법은 다소 복잡하였다. 예를 들면 3,268를 3⓪2①6②8③처럼 표기했다. 그 후 점을 이용하여 소수를 나타낸 사람은 스위스의 수학자 요스트 뷔르기(Jobst Burgi, 1552~1632)였으나 그는 여러개의 점을 사용하여 소수를 나타내려 하였다. 오늘날 사용하고 있는 방식은 영국의 수학자 존 네이피어(John Napier, 1550~1617)에 의해서다. 네이피어는 1671년 출간한 〈막대 계산술〉이란 책에서 소수점 사용 방법을 정립시켰다.

아메스의 파피루스   시몬 스테빈   존 네이피어

88
왜 $0.\dot{9} = 1$이라고 하는가

적지 않은 사람들이 $0.\dot{9}$는 소수점 뒤에 있는 9가 어떻게 증가되든 언제나 1에 점점 가까워질 뿐 1과 같을 수는 없다고 생각한다. 그렇다면 $0.\dot{9} = 1$이라는 결론이 정확한가?

먼저 다음 예를 보기로 하자.

길이가 1인 선분을 둘로 똑같게 나눈 다음 그 하나를 또 둘로 똑같게 나눈다. 이와 같이 계속하면 길이가 $\frac{1}{2^n}$이 되는 짧은 선분을 얻게 된다. 여기서 n은 임의의 수다.

예를 들면 $n = 1000000$일 수도 있다. 똑같게 나눈 모든 선분을 더하면 전체 길이는

$$Sn = \frac{1}{2} + \frac{1}{4} + \frac{1}{8} + \frac{1}{16} + \cdots + \frac{1}{2^n}$$

이것은 원래의 선분의 길이 1보다 $\frac{1}{2^n}$밖에 차이가 나지 않는다. 이 차이는 n이 무한히 커질 때 임의로 작아진다. 즉 n이 무한대에 가까워질 때 합 Sn은 1에 무한히 가까워진다. 다시 말하면 Sn은 1의 극한값이다.

이것을 표시하면

$$1 = \frac{1}{2} + \frac{1}{2^2} + \frac{1}{2^3} + \cdots + \frac{1}{2^n} + \cdots.$$

이것은 $\frac{1}{2}$ 을 공비로 하는 무한 등비급수이다. 무한 등비급수 공식을 이용하여 다음을 얻을 수 있다.

$$\frac{1}{2} + \frac{1}{2^2} + \frac{1}{2^3} + \cdots + \frac{1}{2^n} + \cdots = 1.$$

아킬레우스와 거북의 경주 - 제논의 역설

그리스 신화의 영웅인 아킬레우스(Achilleus)와 거북이 100m 경주를 했다. 그런데 거북의 걸음이 느린 것을 감안해 10m 앞에서 출발하도록 했다. 그렇다면 경주에서는 누가 이겼을까? 정답은 〈아킬레우스는 거북을 영원히 이길 수 없다〉이다.

왜 그럴까? 거북은 10m 앞서 출발했고, 아킬레우스는 거북의 10배의 속도로 달렸다. 그런데 아킬레우스가 10m 지점에 도착했을 때는 거북은 11m 지점에 있다. 다시 아킬레우스가 11m 지점에 도착하면 거북은 11.1m, 아킬레우스가 11.1m 지점에 도착하면 거북은 11.11m … 따라서 아킬레우스는 영원히 거북을 앞지를 수 없다.

이게 무슨 이상한 결과인가? 이처럼 논리적으로는 아무런 문제가 없는데, 결과는 사실과는 전혀 다른 모순된 결과를 낳는 추론을 〈역설(paradox)〉이라고 한다. 아킬레우스와 거북의 경주 이야기는 고대 그리스의 철학자며 수학자인 제논(Zenon ho Elea, BC 490?~BC 430?)이 제기한 논법에 대한 일화로〈제논의 역설〉이라고 한다.

89
어떤 때 근사치를 구하는가

어떤 사람이 〈금년에 몇 살이에요?〉라고 물었을 때 〈15살입니다.〉라고 대답했다면 그 대답은 맞는 대답이다. 하지만 이것은 근사치일 뿐 정확한 나이는 아니다. 친구도 15살이라면 둘의 나이를 비교할 때 생일이 어느 달인가를 알아야 한다. 즉 15살 몇 개월이라는 것까지 말해야 비교할 수가 있다. 하지만 이것도 여전히 근사치이다. 둘 다 10월에 태어났다면 정확한 생일날까지 알아야 한다. 즉 15살 몇 개월 며칠이라고까지 말해야 나이를 비교할 수 있다.

둘이 쌍둥이 자매라면 언니는 동생보다 몇 시간이나 몇 십 분 차이밖에 나지 않는다. 때문에 이때에 나이를 비교하자면 몇 살 몇 개월 며칠 몇 시 몇 분까지 알아야 한다.

알다시피 1분은 60초로 나눌 수 있고, 1초는 $\frac{1}{100}$ 초씩 100개나 $\frac{1}{1000}$ 초씩 1000개로 나눌 수 있을 뿐만 아니라 계속하여 나눌 수 있다. 그러나 나이를 이렇게까지 나눌 필요는 없다. 평소에는 그저 근사치로 몇 살이라는 것만 말하면 된다.

그러나 과학적인 문제에서는 꼭 시간을 정확히 해야 한다.

우리가 라디오에서 매 시간마다 듣는 시각 소리는 실제의 정확한 시간과 거의 차이가 나지 않는다. 먼 바다로 항해를 나간 배들은 이 신호로 자기의 위치를 확인하기도 한다.

원자물리학에서 제기되는 〈하이퍼론 (hyperon)〉 같은 경우는 그 수명이 아주 짧아 일반적인 방법으로는 측정조차 하기 힘들

르네 마그리트의 작품 〈데칼코마니아〉

다. 따라서 우리가 흔히 말하는 시각은 다 근사치로서 어떤 것은 좀더 정확하고 어떤 것은 좀 대략적인 것일 뿐이다.

어느 정도까지 정확히 해야 하는가는 실제 문제에서 고려를 해서 결정해야 한다. 사람의 나이를 몇 초까지 정확히 따질 필요는 없지만 소립자의 수명을 초까지만 따진다면 실제 수명을 측정할 수 없다.

5장. 수학여행 — 신비로운 수의 세계로

90
0.1과 0.10이 같은가

0.1 = $\frac{1}{10}$, 0.10 = $\frac{10}{100}$이다. $\frac{10}{100}$을 약분하면 $\frac{1}{10}$이다. 따라서 둘의 값은 같다.

일반적으로 0.10이라고 쓰는 것은 간단한 방법이 아니라고 생각하기에 마지막 0은 불필요한 것으로 여긴다. 그러나 그것은 잘못이다.

소수가 표시하는 것은 수치의 범위이다. 소수점 이하의 수가 많다는 것은 그만큼 정확하다는 의미이다.

반올림으로 근사치를 구할 때 0.1은 0.05로 얻을 수도 있고 0.14로 얻을 수도 있다. 그러므로 반올림한 소수 0.1은 0.05보다 크거나 0.15보다 작은 것 사이에 있는 값이다.

x로 그 정확한 값을 표시하면 $0.05 \leq x < 0.15$이다.

0.10이라고 쓰면 어떻겠는가? 이 소수는 0.095를 반올림하여 얻을 수도 있고, 0.104를 반올림하여 얻을 수도 있다.

x로 값을 표시하면 $0.095 \leq x < 0.105$이다. 범위가 0.1보다 작아졌다.

이처럼 반올림한 0.1과 0.10은 다르다. 반올림한 경우라면 0.10의 마지막 0을 없애서는 안 된다. 이때 0은 중요하다.

91
숫자에 주기 현상이 있는가

주기 현상은 존재한다. 유심히 살펴 보면 숫자에도 주기 현상이 존재한다는 것을 발견할 수 있다.

예를 들면 자연수의 다섯 제곱의 일의 자리에 원래 자연수가 〈다시 나타나거나〉 그 자리의 수가 원래 자연수로 〈되돌아오는〉 현상과 같은 것이다. 2의 다섯 제곱은 32인데 일의 자리의 수는 여전히 2이고, 3의 다섯 제곱은 243인데 그 일의 자리는 여전히 3이며, 7의 다섯 제곱은 그 결과를 계산해 보지 않아도 일의 자리가 7이라고 답할 수 있다.

1부터 9까지 제곱해 보면 일의 자리의 숫자들은 거꾸로 보아도 1, 4, 9, 6, 5, 6, 9, 4, 1을 이룬다는 것을 발견할 수 있다. 자연수의 제곱의 일의 자리는 이처럼 맴돌면서 순환한다. 이렇게 거듭하여 나타나는 주기는 0을 경계로 한다.

92
왜 연속한 네 자연수의 곱에 1을 더하면 완전 제곱한 수가 되는가

연속한 네 자연수를 곱한 다음 1을 더하면 완전 제곱한 수가 된다.

예를 들면

$1 \times 2 \times 3 \times 4 + 1 = 25$(5의 제곱),

$2 \times 3 \times 4 \times 5 + 1 = 121$(11의 제곱),

$3 \times 4 \times 5 \times 6 + 1 = 361$(19의 제곱),

$4 \times 5 \times 6 \times 7 + 1 = 841$(29의 제곱),

수가 커질수록 계산이 번거롭지만 결과가 꼭 완전 제곱한 수가 된다.

왜 이런 결과가 나오는가?

서로 이웃한 네 자연수 가운데 제일 작은 수를 a라 하면 네 수의 곱에 1 더한 식은 이렇게 된다.

$a(a+1)(a+2)(a+3)+1$

이 식을 정리하면

$a(a+1)(a+2)(a+3)+1$

$= a(a+3)(a+1)(a+2)+1$

$$= (a^2+3a)(a^2+3a+2)+1$$
$$= (a^2+3a)^2 + 2(a^2+3a)+1$$
$$= (a^2+3a+1)^2$$

위의 계산을 통해 $a(a+1)(a+2)(a+3)+1$이 완전 제곱한 수가 된다는 것을 알 수 있다.

다음을 계산해 보아라.

$15 \times 16 \times 17 \times 18 + 1 = ?$

그리고 이웃한 네 짝수(또는 홀수)를 곱하고 거기에 16을 더한 것도 완전 제곱한 수가 된다는 것을 알 수 있다.

무리수의 발견 때문에 살해당한 수학자

고대 그리스의 피타고라스학파(Pythagoreans)에서는 만물의 근원은 〈정수〉라고 생각했고, 모든 수는 정수의 비로 표현할 수 있다고 가르치고 있었다. 즉 정수가 아닌 수는 세계관의 불합리성과 오류라고 생각했다.

그런데 피타고라스학파의 제자인 히파수스(Hippasus, BC 5세기경)는 스승의 이름이 붙은 피타고라스 정리($a^2 + b^2 = c^2$)에서 a와 b가 1인 정삼각형의 c값을 구하니 정수가 아닌 $\sqrt{2}$라는 사실을 알게 되었다.

그러나 피타고라스학파에서는 이러한 무리수의 존재가 세상에 알려질 경우 자신들의 입지가 무너지게 될 것을 두려워하여 히파수스를 살해하였다고 한다.

93
교묘한 숫자 배열 문제

먼저 다음의 자연수를 보자. 자연수가 6개씩 있고 합이 같다.

$1+6+7+17+18+23 = 2+3+11+13+21+22$

위의 식을 보고 〈이것이 뭐가 그리 신기한가? 이런 수들은 얼마든지 찾을 수 있어!〉라고 말할 수도 있다. 그러나 너무 급히 결론을 내리지 말고 다음 식을 보라고 충고하고 싶다.

$1^2+6^2+7^2+17^2+18^2+23^2 = 2^2+3^2+11^2+13^2+21^2+22^2$

이것을 보면 좀 뜻밖이라는 느낌이 들 것이다. 다음 식을 보아라.

$1^3+6^3+7^3+17^3+18^3+23^3 = 2^3+3^3+11^3+13^3+21^3+22^3$

또 다음 식들을 보아라.

$1^4+6^4+7^4+17^4+18^4+23^4 = 2^4+3^4+11^4+13^4+21^4+22^4$

$1^5+6^5+7^5+17^5+18^5+23^5 = 2^5+3^5+11^5+13^5+21^5+22^5$

이 수들은 보통으로는 생각할 수 없으며 기묘하기 그지없다. 그렇다면 이 수들은 어떤 원리로 나왔겠는가? 이런 성질을 가지는 다른 자연수가 또 존재하는가? 이런 수들이 원래는 다음 항등식에서 온 것이다.

$$a^n + (a+4b+c)^n + (a+b+2c)^n + (a+9b+4c)^n$$
$$+ (a+6b+5c)^n + (a+10b+6c)^n$$
$$= (a+b)^n + (a+c)^n + (a+6b+2c)^n + (a+4b+4c)^n$$
$$+ (a+10b+5c)^n + (a+9b+6c)^n$$

여기서 $n=1, 2, 3, 4, 5$. 위 예에서 열거한 수들은 위의 식에서 $a=1, b=1, c=2$인 경우이다. a, b, c가 다른 자연수를 취하면 유사한 성질을 가지고 있는 다른 수들을 얻을 수 있다. 우리는 이런 수들이 아주 적고 희귀할 것이라고 생각하였다. 그런데 이런 수들이 아주 많아 신기할 것이 없다.

지금은 여러 개의 등식을 발견하였으며 차수가 8차, 10차까지에도 성립된다는 것을 알았다. 그러나 높은 거듭제곱에 관한 등식은 아직 찾아내지 못했다.

놀라운 거듭제곱 이야기

종이를 50번 접으면 과연 몇 겹이나 될까? 2, 4, 8, 16, 32, 64, 128 … 답은 2의 50제곱 겹, 약 1천조 겹(1,125,899,906,842,624 겹)이다. 가령 종이 한 장의 두께를 0.2mm라고 하면 약 2억 km라는 두께가 된다.

이것은 지구와 달 사이의 거리인 약 38만 km, 지구와 태양 사이의 거리인 1억 5천만 km보다 큰 수가 된다.

94
왜 수학을 〈관계학〉이라 할 수 있는가

수학은 언제나 다양한 수와 모양 사이의 관계를 찾는 동시에 일정한 관계를 정립하면서 사물의 법칙을 파악한다. 따라서 우리는 수학을 하나의 관계학으로 볼 수 있다.

예를 들면 초등학교에서 배우는 더하기, 빼기, 곱하기, 나누기는 한 가지 관계 — 두 수를 더하고 빼고 곱하고 나누는 관계를 반영하는 것이다. 이런 관계를 알아야 일상생활에서 부딪치는 수에 관한 문제를 대처할 수 있다.

그리고 우리가 비교할 때 쓰는 같기, 크기, 작기 등은 두 물질의 비교 관계를 반영한다. 예를 들면 학생이 학습을 잘하는 것을 설명하기 위하여 시험 성적을 비교할 수 있다. 또한 도형이나 용기의 크기를 비교하기 위하여 기하학 지식으로 면적과 부피를 계산한 후 비교를 한다.

수학에서 각종 정리는 현실의 내적 관계를 제시해 준다. 예를 들면 직각삼각형에서 두 직각변의 제곱의 합은 긴 변의 제곱과 같다는 피타고라스(Pythagoras, BC 582?~BC 497?)의 정리는 직각삼각형의 세 변 사이의 관계를 말해준다.

각종 공식 예를 들면 삼각형의 면적을 구하는 공식

피타고라스

$S = \frac{1}{2} \times$ 밑변 $\times$ 높이는 삼각형의 면적과 밑변과 높이 사이의 관계를 반영한다.

함수는 변수 사이의 관계를 더 직접적으로 반영해준다. 예를 들면 $y = f(x_1, x_2, \cdots, x_n)$은 y의 독립 변수 $x_1, x_2, \cdots, x_n$ 사이의 관계를 반영한다.

〈관계〉는 수학에서 존재하지 않는 곳이 없다. 수학의 연구는 〈관계〉를 연구하는 것이다. 때문에 우리는 수학을 하나의 〈관계학〉으로 볼 수 있다.

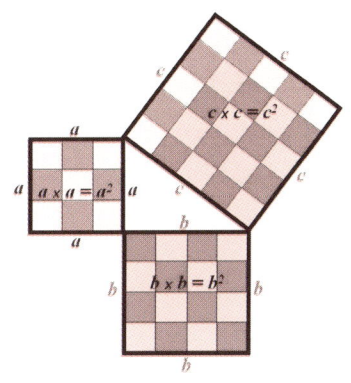

피타고라스의 정리

고르디우스의 매듭(Gordian Knot)

그리스 신화에 나오는 프리지아의 왕(미다스 왕의 아버지) 고르디우스(Gordius)는 〈이 매듭을 푸는 사람이 아시아의 지배자가 될 것이다〉라는 말과 함께 마차를 신전에 묶어 두었다. 이 매듭은 매우 복잡하게 얽혀 있어서 그 누구도 풀지 못했다.

어느날 그 앞을 지나가던 마케도니아의 왕 알렉산드로스(Alexandros, BC 356~BC323)는 그 말을 듣고는 단칼에 매듭을 잘라 풀어 버렸다. 매듭을 힘겹게 풀려고만 했던 일반 사람들은 그것은 누구나 할 수 있는 일이라며 코웃음치자 알렉산드로스는 〈나는 나만의 방식으로 매듭을 푼 것이다. 당신들이 보기에는 자른 것이지만, 내 생각에는 푼 것이다〉라는 말을 했다. 이후 알렉산드로스는 아시아의 지배자가 되었다.

이 이야기는 〈콜럼부스의 달걀〉과 같은 문제다. 고정관념에서 벗어나지 않으면 해결책은 없다. 문제를 바라보는 새로운 시각, 그것이 위대한 발전과 변화를 만드는 것이다.

95
왜 수학은 논리를 쓰지만 논리와 같지 않은가

수학은 〈엄밀성〉과 〈정확성〉을 중요시하는 학문이다. 절차에 의한 계산은 규칙에 부합되어야 하고, 기하학에서의 추리는 이유와 근거가 있어야 한다. 규칙, 이유, 근거가 〈논리〉의 요구이다.

중·고등학교에서는 논리학을 따로 떼어내어 심도 있게 배우지는 않지만, 수학을 배우다 보면 자신도 모르게 사유하는 과정에서 논리적 추리를 알게 된다. 수학의 정리는 이치가 있으며, 추리한 결론은 정확해서 의심할 데가 없다. 이것이 수학의 중요한 특징이다. 그래서 논리적 추리를 배우는 것은 수학을 배우는 한 가지 목적이다.

그렇지만 수학의 논리적 추리는 수학을 학습하는 한 가지 이유일 뿐 전부는 아니다. 수학은 직관적인 관찰, 상상과 추측을 알게 해준다. 논리적 추리는 전제가 정확할 때만 결론이 명확하다. 전제가 불분명하면 논리적 추리는 명확한 답을 얻기가 어렵다.

예를 들면 〈두 점 사이는 오직 한 직선이 통과한다.〉, 〈직선 밖의 한 점을 지나 그 직선에 평행인 직선은 하나밖에 없다.〉 이러한 명제는 현실을 관찰하고 분석하는 데서 얻은 것이다. 원주율, 순환소수, 분수 등도 사람들이 현실을 고찰하고 창조적 사유를 하면서 나온 것이다. 그래서 논리가 중요한 것이지만, 수학에서 사용하는 논리가 논리와 같진 않은 이유다.

디오판토스의 묘비

그리스의 수학자로 알렉산드리아에서 주로 활약하고 〈대수학〉의 아버지라고 불리는 디오판투스(Diophantus, 246?~330?)의 묘비에는 이런 글이 적혀 있다.

〈지나가는 여행자여! 이 돌 아래에는 디오판토스의 영혼이 잠들어 있다. 그의 신비스러운 생애를 수로 말해 보겠다. 그의 일생의 6분의 1은 소년으로 지냈다. 또 일생의 12분의 1은 청년 시절이었다. 그 후 7분의 1을 더 독신으로 지냈다. 결혼한 지 5년이 지나 아들이 태어났는데, 아들은 아버지의 일생의 반밖에 살지 못했다. 그리고 아들이 죽고난 후 이 노인은 4년을 더 살고 생애를 마쳤다.〉 참으로 대수학자다운 발상이다. 그렇다면 그는 몇 살까지 살았을까?

디오판토스가 산 햇수를 L이라고 하면,

$L = \frac{L}{6} + \frac{L}{12} + \frac{L}{7} + 5 + \frac{L}{2} + 4$라는 방정식을 얻게 된다. 이 식의 우변을 계산하면,

$L = \frac{25L}{28+9} + 9$가 되고 동류항을 정리하여 L을 구하면,

$\frac{3L}{28} = 9$, $L = 84$를 얻는다. 따라서 디오판토스는 84살에 죽었다.

96
1＋1＝1인가

수를 처음으로 접할 때 1＋1＝2라는 것을 배운다. 그러나 2진법을 배운 후에는 1＋1＝10이지 1＋1＝2가 아니라는 것을 알게 된다. 2진법에는 2가 없기 때문이다.

지금 여기에서 언급하려는 1＋1＝1은 뭐란 말인가?

이것은 논리 대수에서의 더하기이다. 논리 대수에는 1과 0이 있을 뿐이다. 이것은 2진법에서와 같다. 그러나 2진법에서의 1과 0은 진정한 숫자이다. 그러나 논리 대수에서의 1과 0은 숫자가 아니라 부호이다. 일반적으로 논리 전기 회로에서 1은 회로의 연결, 0은 회로의 끊어짐을 의미한다.

예를 들어보자. 전기 회로에서 E는 전원(건전지)이다. P는 꼬마전구이다. 회로에 전류가 흐르면 꼬마전구에 불이 들어오는데 이때의 부호는 1이다. 회로가 끊어지면 전구가 꺼지는데 이때의 부호는 0이다.

그림 에서 A와 B는 스위치인데 닫으면 전류가 흐르고 열면 전류가 흐르지 않는다. 스위치 A를 닫고 B를 열면 회로는 A를 통하여 전류가 흘러서 전구 P가 켜지며 1을 얻는다. 스위치 A를 열고 B를 닫으면 B를 통하여 전류가 흘러서 전구 P가

켜지며 마찬가지로 1을 얻는다. 스위치 A와 B를 모두 닫으면 회로가 모두 통해서 1+1일 듯싶지만, 전구는 똑같은 빛을 내므로 여전히 1이다. 따라서 수식으로 표시하면 1+1=1을 얻는다.

이 결과로 보면 스위치 A를 닫으면 1이고, 스위치 B를 닫아도 1이며, 스위치 A와 B를 동시에 닫아도 역시 1이다. 이것을 논리 대수의 더하기라고 부른다.

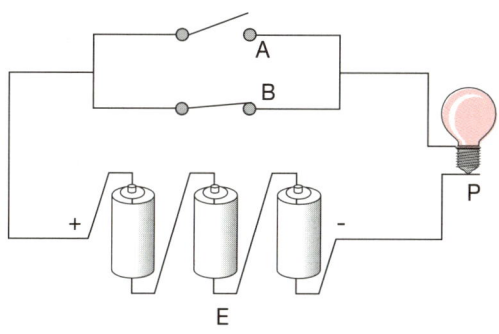

97
〈추측〉이란 무엇인가

크리스티안 골드바흐

레온하르트 오일러

수학은 빈틈이 없고 정확한 학문이다. 교과서에 실린 수학 지식도 엄격한 증명을 거친 것이다.

수학에는 왜 〈추측〉이란 것이 있는가?

이런 말이 있다. 〈수학의 창조 과정은 어떤 지식의 창조 과정과 같다. 수학 정리를 증명하기 전에 내용을 추측해야 한다. 그리고 결과를 종합한 후에 여러 번 시도해 보아야 한다.〉

추측은 수학의 발견법이고 창조의 사유 방식이다.

추측은 다음 두 가지를 생각할 수 있다. 하나는 정확성이 증명된 것으로 정리라고 한다. 다른 하나는 틀렸다고 증명된 것이다. 예를 들면 프랑스의 수학자 피에르 페르마(Pierre de Fermat, 1601~1665)가 $n=1, 2, 3, 4$라고 할 때 〈$2^{2^n}+1$과 같은 수는 소수이다〉고 제기한 추측을 스위스의 수학자 레온하르트 오일러(Leonhard Euler, 1707~1783)가 부정한 것과 같은 것인데, 이유는 $n=5$일 때 $2^{32}+1=641 \times 6700417$의 수가 소수가 아니기 때문이다.

하지만 틀렸다고 증명된 추측이 아무런 쓸모가 없는 것은 아니다. 추측으로 가능하다면 거기에는 법칙성이 존재할 가능성이 있으며, 거기에 맞는 상황이 있다. 그래서 그 추측을 개선하여 다른 연구에 적용할 수 있다.

어떤 추측은 지금까지 증명되지 못하여 아직도 많은 학자들이 그것을 풀려고 씨름하고 있다. 그러다 보면 새로운 이론과 방법이 나오고, 그것이 수학의 발전을 가져온다. 예를 들어 앞서 살펴 본 〈골드바흐 추측〉을 증명하면서 새롭게 나온 많은 정리가 수학의 발전에 큰 도움을 주었다.

우리는 수학에서 선인들의 성과를 배워야 할 뿐만 아니라 사유 방법을 배워야 한다.

페르마의 마지막 정리(Fermat's last theorem)

프랑스의 수학자 피에르 페르마(Pierre de Fermat, 1601~1665)는 〈방정식 $x^n + y^n = z^n$ (n은 2보다 큰 자연수)은 x, y, z가 모두 0이 아닌 정수해를 갖지 않는다.〉라는 문제를 제하고 증명은 여백이 좁아서 제시할 수 없다는 메모를 남겼다. 많은 수학자들이 이 문제를 증명하기 위해 노력했다. 프랑스 과학학술원에서는 이 문제를 증명하는 사람에게 거액의 상금을 주겠다는 공표를 하기도 했다.

그 후 많은 수학자들이 부분적으로는 증명을 했으나 300년이 훨씬 지나도록 완전한 해결이 되지 않아 단지 추측에 의한 가설일 뿐이라는 말이 나오기도 했다.

드디어 미국 프린스턴대학교의 교수인 영국인 수학자 앤드루 와일스(Andrew John Wiles, 1953~)가 그의 제자인 리처드 테일러(Richard Lawrence Taylor, 1962~)의 도움을 받아 그 증명 방법을 찾아내 1995년에 발표하였다.

98
정수와 짝수의 개수는 똑같은가

정수와 짝수의 개수는 똑같은가? 많은 학생들은 생각하지도 않고 〈아니, 같지 않습니다. 짝수는 정수의 다만 일부분이기 때문입니다.〉라고 대답할 것이다.

혹시 소수의 학생들이 이 대답에 의심을 품고 자신이 없어 하면서 〈똑같을 수도 있습니다. 정수와 짝수는 1대 1로 대응되니까요.〉라고 말할 여지가 있을지도 모르겠다. 그 중의 한 학생이 칠판에다 정수와 짝수의 1 대 1 대응을 썼다.

$$\cdots\ -n\ \cdots\ -2\ -1\ 0\ 1\ 2\ \cdots\ m\ \cdots$$
$$\updownarrow\quad\ \ \updownarrow\ \ \updownarrow\ \updownarrow\ \updownarrow\ \updownarrow\quad\ \updownarrow$$
$$\cdots\ -2n\ \cdots\ -4\ -2\ 0\ 2\ 4\ \cdots\ 2m\ \cdots$$

누구의 대답이 정확한가?

이 문제는 정수와 짝수의 집합 크기를 비교하는 것이다. 유한 집합의 크기를 비교하기는 쉬우나 무한 집합은 사정이 다르다. 무한 집합의 〈크기〉를 어떻게 비교하는가?

유한 집합에서는 원소의 개수가 집합의 크기를 결정하는데, 그것을 판별하는 규칙이 있다. 예를 들면

(1) 부분은 전체보다 작다.

(2) 두 집합 사이에 1 대 1의 대응이 성립하면 크기가 같다.

이 두 가지 규칙을 무한 집합에 적용하면, 다음과 같은 무한 집합의 〈크기〉 이론을 세울 수 있다.

두 개 집합(유한 또는 무한) 사이에 1 대 1의 대응이 성립하면, 동일한 기본수를 가지고 있다고 한다. 한 집합이 다른 집합의 부분 집합과 1 대 1로 대응하면 첫째 집합은 둘째 집합의 기본수보다 크지 않다고 한다. 기본수는 유한 집합의 원소 개념을 일반화한 것이다. 쉽게 말해서 원소의 개수라고 보면 되는 것이다. 이렇게 생각하면 가장 작은 무한 집합은 자연수의 집합이다.

집합이 무한하면 대응하지 않는 원소가 언제나 존재한다. 그래서 원소의 대응은 영원히 계속된다. 그래서 자연수와 무한 집합의 1 대 1 대응은 성립한다.

이제는 알 수 있을 것이다. 정수와 짝수는 똑같이 〈크다〉, 똑같이 〈많다〉는 것을. 정수의 집합을 0, 1, −1, 2, −2, 3, −3, …과 같이 배열하면 자연수 집합과 1 대 1 대응이 성립한다. 또 유리수도 마찬가지로 증명할 수 있다. 유리수와 자연수의 집합이 어떻게 1 대 1 대응이 가능한지 생각해 보라.

99
무한소와 0은 같은가

무엇을 무한소라고 하는가? 다음 예를 보기로 하자. 함수 $f(x) = \dfrac{1}{x}$ 에서 x가 커짐에 함수 값은 0에 가까워진다. 이처럼 극한이 0일 때의 양이 무한소이다. 그러니까 무한소는 0에 접근하는 양이다.

무한소와 매우 작은 수, 예를 들어 백만분의 1과는 같은 수인가? 물론 아니다. 무한소는 이보다 더 작은 수이다. 1억분의 1이란 수는 1백만분의 1보다 더 작은데, 무한히 작아지는 수는 1억분의 1 이하로 내려가는 수이기 때문이다.

그러면 무한소와 0은 같은가? 0은 하나의 확정된 수이다. 그러나 무한소는 영에 가까워지는 수이지 0 자체는 아니다. 다시 말해서, 0은 무한히 작지만 무한히 작은 게 꼭 0은 아닌 것이다.

이제 사칙 계산을 보자. 0으로 더하기, 빼기, 곱하기를 할 수 있지만 분모는 될 수 없다는 것을 우리는 알고 있다. 무한소에도 이러한 사칙 계산이 있다. 차이라면 무한소는 분모가 될 수 있다는 점이다.

100
왜 세계 각국에서는 수학을 중고등학교의 주요 과목으로 하는가

왜 세계 각국에서 모두 수학을 중고등학교의 주요 과목으로 하는가?

수학도 국어, 영어와 마찬가지로 언어이다. 수학은 과학적 언어이다. 수학은 숫자, 기호, 공식, 그래프, 개념, 명제와 논증으로 만물 사이의 수량적 관계 및 공간에서의 위치를 간단명료하게 설명한다. 수학을 모르면 과학을 이해할 수 없다.

수학은 사람의 이성적 사유를 발전시킨다. 글은 사람의 감정, 염원, 의지를 나타내 형상적 사유를 한다고 하면 수학은 개괄, 추상, 추리 판단과 논증 등 이성적 사유를 하는 데 쓰인다.

수학적 추리는 하나면 하나, 둘이면 둘과 같이 정확하여 생각의 힘을 키우는 데 매우 유익하다.

마지막으로 수학은 용도가 넓다. 물건을 사고 값을 치르는 것에서부터 로켓의 외형을 설계하고 위성의 운행을 통제하는 것에 이르기까지 수학 계산으로 한다. 그래서 우리는 어려서부터 수학을 잘 배워야 하는 것이다.